# essentials

*essentials* liefern aktuelles Wissen in konzentrierter Form. Die Essenz dessen, worauf es als „State-of-the-Art" in der gegenwärtigen Fachdiskussion oder in der Praxis ankommt. *essentials* informieren schnell, unkompliziert und verständlich

- als Einführung in ein aktuelles Thema aus Ihrem Fachgebiet
- als Einstieg in ein für Sie noch unbekanntes Themenfeld
- als Einblick, um zum Thema mitreden zu können

Die Bücher in elektronischer und gedruckter Form bringen das Expertenwissen von Springer-Fachautoren kompakt zur Darstellung. Sie sind besonders für die Nutzung als eBook auf Tablet-PCs, eBook-Readern und Smartphones geeignet. *essentials:* Wissensbausteine aus den Wirtschafts-, Sozial- und Geisteswissenschaften, aus Technik und Naturwissenschaften sowie aus Medizin, Psychologie und Gesundheitsberufen. Von renommierten Autoren aller Springer-Verlagsmarken.

Weitere Bände in der Reihe http://www.springer.com/series/13088

Valentin Crastan

# Klimawirksame Kennzahlen für Ostasien und Ozeanien

Statusreport und Empfehlungen für die Energiewirtschaft

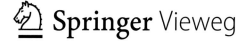

Valentin Crastan
Evilard, Schweiz

ISSN 2197-6708          ISSN 2197-6716    (electronic)
essentials
ISBN 978-3-658-20611-6          ISBN 978-3-658-20612-3    (eBook)
https://doi.org/10.1007/978-3-658-20612-3

Die Deutsche Nationalbibliothek verzeichnet diese Publikation in der Deutschen Nationalbibliografie; detaillierte bibliografische Daten sind im Internet über http://dnb.d-nb.de abrufbar.

Springer Vieweg
© Springer Fachmedien Wiesbaden GmbH 2018

Gedruckt auf säurefreiem und chlorfrei gebleichtem Papier

Springer Vieweg ist Teil von Springer Nature
Die eingetragene Gesellschaft ist Springer Fachmedien Wiesbaden GmbH
Die Anschrift der Gesellschaft ist: Abraham-Lincoln-Str. 46, 65189 Wiesbaden, Germany

# Was Sie in diesem *essential* finden können

- Bevölkerung und Entwicklung des Bruttoinlandprodukts aller Regionen und Länder von Ostasien/Ozeanien (Kap. 1, Abschn. 1.2)
- Bruttoenergie, Endenergien, Verluste des Energiesektors und $CO_2$-Emissionen aller Regionen, in Abhängigkeit aller Energieträger und Verbraucherkategorien (Abschn. 1.3).
- Elektrizitätsproduktion und -verbrauch aller Regionen und bevölkerungsreichsten Länder (Abschn. 1.3 und Kap. 3)
- Energieflüsse von der Primärenergie über die Endenergie zu den Endverbrauchern für alle Regionen und bevölkerungsreichsten Länder (Abschn. 1.4 und Kap. 3)
- Entwicklung der wichtigsten Indikatoren wie Energieintensität, $CO_2$-Intensität der Energie und Indikator der $CO_2$-Nachhaltigkeit für alle Länder (Abschn. 1.5 bis 1.7). Detaillierte Werte der $CO_2$-Intensität der Energie für alle bevölkerungsreiche Länder (Abschn. 3.3)
- Weltweite Verteilung der für den Klimawandel verantwortlichen kumulierten $CO_2$-Emissionen (Kap. 2)
- Indikatoren- und $CO_2$-Emissionsverlauf in der Vergangenheit und notwendiger bzw. empfohlener Verlauf zur Einhaltung des 2-Grad-Ziels als Minimalziel für alle Regionen (Kap. 2)
- Für das 2-Grad-Ziel notwendige Emissionssituation in 2050 (Kap. 2)

# Vorwort

Mit mehr als zwei Milliarden Einwohnern ist Ostasien/Ozeanien der bevölkerungsreichste und mit seinem erheblichen Entwicklungspotenzial für die Zukunft des Planeten wichtigste Erdteil. Je nach Region und Land ist die heutige Struktur der Wirtschaft und insbesondere der Energiewirtschaft unterschiedlich. Somit ist es sinnvoll Ost-Asien/Ozeanien in drei Regionen zu unterteilen, nämlich den industrialisierten OECD-Raum, das aufstrebende China und die restlichen Länder Ost-Asiens/Ozeaniens. Besonders China ist für die Erreichung der Ziele von entscheidender Bedeutung.

Hauptanliegen der Analyse war es, anhand der verfügbaren Energie- und Wirtschaftsdaten zu einer knappen, aber anschaulichen Darstellung der energiewirtschaftlichen Situation des Kontinents und seiner weiteren Entwicklung zu gelangen. Wegen des in den nächsten Jahrzehnten zu erwartenden wirtschaftlichen Aufschwungs ist die Einhaltung des 2-Grad-Ziels, als Minimalziel, eine besondere Herausforderung.

Die Energieverantwortliche in Wirtschaft und Politik der jeweiligen Länder sowie die sich mit dem Klimaschutz befassenden internationalen Institutionen und Forschergruppen, können aus den hier gegebenen Empfehlungen ihre eigenen Schlüsse ziehen und die Maßnahmen in die Wege leiten, die notwendig sind, um die Erreichung des genannten Ziels und möglichst seine Unterschreitung zu unterstützen.

Grundlagen zur weltweit notwendigen Emissionsbegrenzung bis 2050 und 2100 sind insbesondere auch im Werk „Weltweiter Energiebedarf und 2-Grad-Ziel" des Autors gegeben, das 2016 im Springer-Verlag erschienen ist.

Evilard                                         Valentin Crastan
Oktober 2017

# Inhaltsverzeichnis

# Energiewirtschaftliche Analyse

1

## 1.1  Einleitung

Im fünften und letzten Band der *essentials*-Reihe „Klimawirksame Kennzahlen der Energiewirtschaft" wird **Ostasien/Ozeanien** analysiert. Sowohl demografisch als auch wirtschaftlich und kulturell hat dieser Erdteil eine für die Zukunft des Planeten erhebliche, ja entscheidende Bedeutung.

Nach der Analyse in Kap. 1 der Entwicklung aller maßgebenden Größen wie Bevölkerung, Bruttoinlandprodukt, detaillierter Energieverbrauch und $CO_2$-Emissionen bis 2014 werden in Kap. 2 Szenarien für die künftige Entwicklung, welche die Klimaziele respektiert, dargelegt.

Sinnvoll ist die Unterteilung des Kontinents in drei Regionen, nämlich: die weitgehend industrialisierten OECD-Mitglieder von Ostasien und/Ozeanien, China und die restliches Länder von Ostasien.

Das für die Analyse verwendete Datenmaterial, s. auch das Literaturverzeichnis, sei nachfolgend erwähnt:

- Die statistischen Daten zur Bevölkerung und zur Verteilung des Energieverbrauchs aller Länder stammen aus den aktualisierten Berichten der Internationalen Energie Agentur (IEA) [4]. Berücksichtigt werden nur die statistisch erfassten Länder (z. B. fehlen Afghanistan, Laos und Papua Neuguinea). Die Daten über das kaufkraftbereinigte Bruttoinlandprodukt (BIP KKP) einschließlich prognostizierter Entwicklung sind dem Bericht des Internationalen Währungsfonds (IMF) entnommen [5] (der sie im Wesentlichen von der Weltbank übernimmt) mit dem Vorteil, dass Voraussagen für die nachfolgenden sieben Jahren vorliegen.

© Springer Fachmedien Wiesbaden GmbH 2018
V. Crastan, *Klimawirksame Kennzahlen für Ostasien und Ozeanien*,
essentials, https://doi.org/10.1007/978-3-658-20612-3_1

- Das Thema Klimawandel und deren Folgen für die Weltgemeinschaft werden ausführlich in den Berichten des Intergovernmental Panels on Climate Change (IPCC) analysiert [6–8]. Ebenso die notwendigen globalen Maßnahmen für den Klimaschutz. Zu den Argumenten für eine Verschärfung des 2-Grad Klimaziels, d. h., um wenn möglich die 1,5 Grad Grenze einzuhalten, sei auch auf [9] hingewiesen
- Die allgemeinen und für das vertiefte Verständnis der energiewirtschaftlichen Aspekte notwendigen Grundlagen, und dies aus der weltweiten Perspektive, sind in [3] und die Bedingungen für die Einhaltung des 2 °C-Klimaziels in [2] gegeben. Allgemeine Unterlagen zur elektrischen Energieversorgung findet man in [1].

Die Daten und Analyse der restlichen Weltregionen findet man in den ersten vier Bänden dieser Reihe:

1. Europa und Eurasien [10]
2. Amerika [11]
3. Afrika [12]
4. Naher Osten und Südasien [13]

## 1.2    Bevölkerung und Bruttoinlandprodukt

Wir unterteilen Ostasien/Ozeanien in drei Regionen, die folgendermaßen definiert sind (Abb. 1.1):

- **OECD Ostasien/Ozeanien** (Japan, Südkorea, Australien, Neuseeland)
- **China** (mit Hongkong)
- **Restliches Ostasien** (Indonesien, Brunei, Kambodscha, Nordkorea, Malaysia, Mongolei, Philippinen, Singapur, Taiwan, Thailand, Vietnam, restliche Länder).

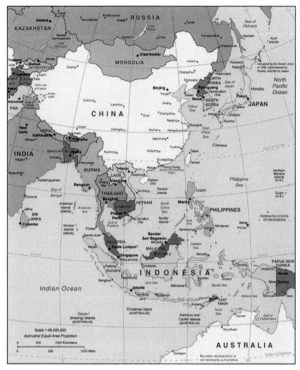

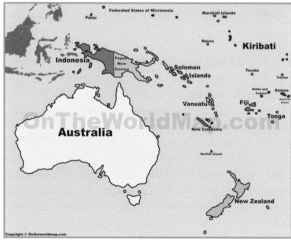

**Abb. 1.1**   Ostasien und Ozeanien

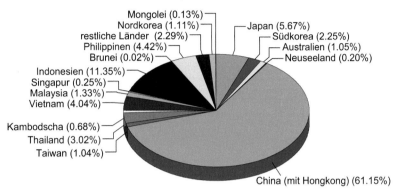

**Abb. 1.2** Prozentuale Aufteilung der Bevölkerung von Ostasien/Ozeanien

Ostasien/Ozeanien weist 2014, mit 2,24 Mrd. Einwohner (Abb. 1.2) ein kaufkraft-bereinigtes Bruttoinlandprodukt BIP (KKP) von 31.400 Mrd. US$ (von 2010). Dominierend ist China mit 61 % der Bevölkerung und 55 % des BIP [3, 5].

Das BIP (KKP) pro Kopf der **OECD**-Länder von Ostasien/Ozeanien sowie von **China** und **Indonesien** (als demografisch bedeutendstem Land vom Rest-Ostasien) zeigt Abb. 1.3.

Das BIP (KKP) pro Kopf von **Ostasien/Ozeanien insgesamt** beträgt in 2014 im Mittel 14.000 US$/a und ist somit leicht über dem weltweiten Durchschnitts von 13.100 US$/a [4, 5].

Die **OECD-Länder** sind bezüglich BIP mit den Industrieländern Europas und Nordamerikas vergleichbar. **China** hat seit 2000 sein BIP (KKP) pro Kopf mehr als verdreifacht und **Indonesien** um 67 % erhöht.

Die Verteilung des BIP/Kopf im **restlichen Ostasien** zeigt Abb. 1.4. Durch-schnittlich ist es mit 10.600 US$/a immer noch deutlich unter dem Weltdurch-schnitt. Insgesamt ist im Mittel seit 2000 eine Zunahme um 54 % zu verzeichnen. Hohe Bruttoinlandprodukte pro Kopf über 30.000 US$/a weisen lediglich Singa-pur, Brunei und Taiwan auf. Demografische Hauptgewichte sind Indonesien, die Philippinen und Vietnam (90 bis 255 Mio.). Diese drei Länder werden in Kap. 3 näher betrachtet. Einige Angaben über Thailand (67 Mio. Einwohner) findet man in Abschn. 3.3.

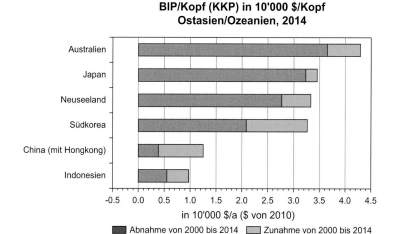

**Abb. 1.3** BIP (KKP) pro Kopf in Ostasien/Ozeanien und Fortschritte seit 2000

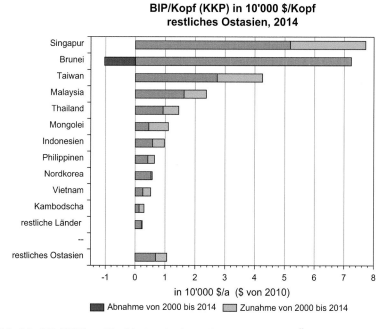

**Abb. 1.4** BIP (KKP) pro Kopf der Länder des restlichen Ostasiens und Änderungen seit 2000

## 1.3 Bruttoenergie, Endenergie, Verluste des Energiesektors und entsprechende $CO_2$-Emissionen, 2014

Die **Endenergie** setzt sich zusammen aus dem Wärmebedarf (aus Brennstoffen, ohne Elektrizität und Fernwärme), den Treibstoffen, der Elektrizität (alle Anwendungen) und der Fernwärme. Die **Bruttoenergie** ist die Summe von Endenergie und alle im **Energiesektor** entstehenden Verluste. Der Energiesektor dient der Umwandlung von Bruttoenergie in Endenergie, wobei die Elektrizitätserzeugung die Hauptrolle spielt.

Die Energiestruktur ist in den drei Regionen stark unterschiedlich wie Abb. 1.5 veranschaulicht. Im **industrialisierten OECD-Raum** ist die Endenergie, neben einem hohen Elektrizitäts-Anteil, stark auf Erdöl und Erdgas ausgerichtet. **China** hat, entsprechend dem Entwicklungsstand, einen niedrigeren Elektrizitätsanteil und setzt neben Biomasse vor allem auf Kohle. Auch der Mobilitätsbereich ist noch unterentwickelt. Im **restlichen Ostasien** ist Biomasse für die Wärmeanwendungen mit nahezu 50 % der Endenergie immer noch wesentlich. Für Industrie und Haushalte spielen hier neben Kohle auch Öl und Erdgas eine wichtiger werdende Rolle.

Die **Verluste des Energiesektors** in Prozent der verwendeten Bruttoenergie betragen 38 % im OECD-Raum, 37 % in China und 34 % in Rest-Ostasien (als Vergleich: Westeuropa 32 %, Russland 40 %, USA 32 %, Kanada 31 %).

Die **Elektrizitätsproduktion** der drei Regionen ist in Abb. 1.6 veranschaulicht. Vor allem China ist noch sehr einseitig auf Kohle (mit 72 %) ausgerichtet.

Die erneuerbaren Energien (Wasserkraft, Windenergie, Fotovoltaik, Biomasse, Abfälle, Geothermie) bzw. die $CO_2$-armen Energien (erneuerbare Energien + Kernenergie) tragen zur Elektrizitätsproduktion gemäß Tab. 1.1 bei. Die Tabelle gibt auch den Elektrifizierungsgrad der drei Regionen (Elektrizitätsanteil der Endenergie: ist ein guter Index der Entwicklung).

Aus der Energiestruktur ergeben sich für 2014 die in Abb. 1.7 dargestellten $CO_2$-Emissionen: Gesamtwert in Mt, Gesamtwert in Gramm pro $ BIP KKP sowie Gesamtwert und detaillierte Verteilung in Tonnen/Kopf für die Verbrauchssektoren.

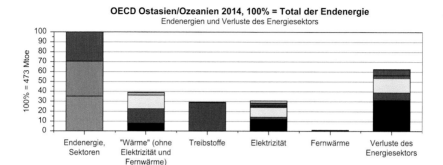

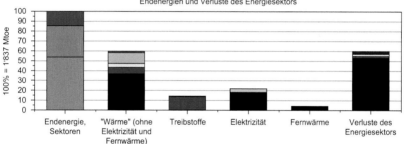

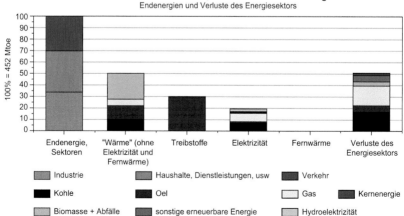

**Abb. 1.5** Bruttoenergie = Endenergie + Verluste des Energiesektors, der drei Regionen von Ostasien/Ozeanien in 2014

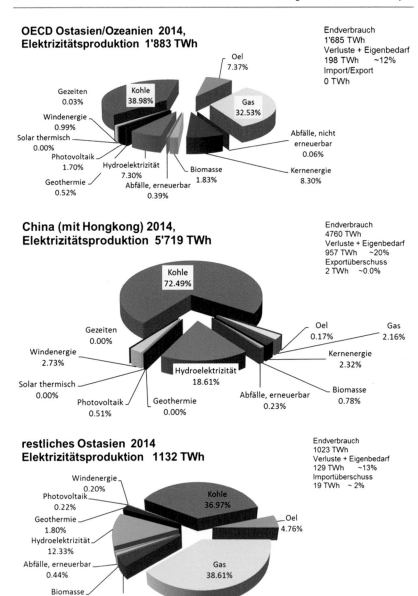

**Abb. 1.6**   Elektrizitätsproduktion in 2014 der drei Regionen und entsprechende Energie-trägeranteile. Import/Exportüberschuss und Verluste + Eigenbedarf jeweils auch in % des Endverbrauchs

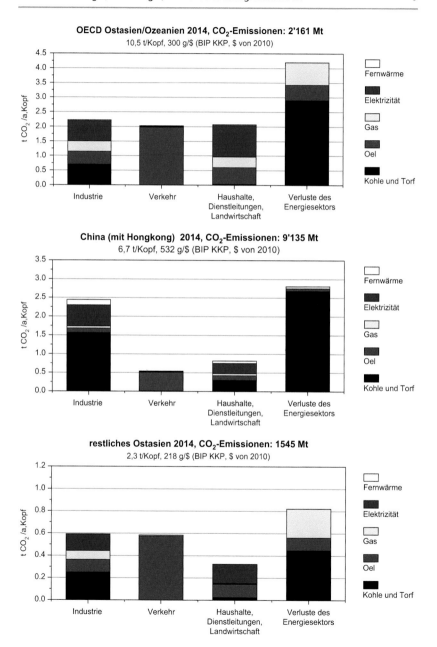

**Abb. 1.7**   CO$_2$-Ausstoß der drei Regionen nach Verbrauchssektor und Energieträger

**Tab. 1.1** Anteil erneuerbarer und $CO_2$-arme Energien, Elektrifizierungsgrad, in 2014

|                       | Erneuerbar % | $CO_2$-arm% | Elektrifizierung % |
| --------------------- | ------------ | ----------- | ------------------ |
| OECD-Ostasien/Ozeanien | 13          | 21          | 31                 |
| China                 | 23           | 25          | 22                 |
| Restliches Ostasien   | 16           | 20          | 19                 |

In der Industrie und im Haushalt-/Dienstleitungs-/Landwirtschaftssektor sind die Emissionen durch den Elektrizitäts- und Wärmebedarf aus fossilen Energien bestimmt, im Verkehrsbereich im Wesentlichen durch die auf Erdöl basierenden Treibstoffe. Die Emissionen, die durch die Verluste im Energiesektor entstehen sind in erster Linie der Elektrizitätsproduktion zuzurechnen. In China sind die spezifischen Emissionen mit 532 g $CO_2$/$ sehr hoch, aber auch der OECD-Raum ist mit 10,5 t $CO_2$/Kopf nicht besonders nachhaltig.

In Kap. 3 findet man nähere Angaben über Japan, Südkorea und Australien sowie über Indonesien, die Philippinen, Vietnam und Thailand.

## 1.4  Energieflüsse im Jahr 2014

### 1.4.1  Energiefluss im Energiesektor

Die folgenden Abbildungen (z. B. Abb. 1.8) beschreiben den Energiefluss im Energiesektor von der Primärenergie über die Bruttoenergie (oder Bruttoinlandverbrauch) zur Endenergie. Primärenergie und Bruttoenergie werden durch die verwendeten **Energieträger** veranschaulicht. Alle Energien werden in Mtoe angegeben.

Die **Primärenergie** ist die Summe aus einheimischer Produktion und, für Regionen, Netto-Importe abzüglich Netto-Exporte von Energieträgern (für Länder effektive Importe/Exporte statt nur Netto-Importe/Exporte pro Energieträger).

Die **Bruttoenergie** ergibt sich aus der Primärenergie nach Abzug des nichtenergetischen Bedarfs (z. B. für die chemische Industrie) und eventueller Lagerveränderungen. Abgezogen werden die für die internationale Schiff- und Luftfahrt-Bunker benötigten Energiemengen. Die entsprechenden $CO_2$-Emissionen werden nur weltweit erfasst.

Es ist die Aufgabe des **Energiesektors,** den Verbrauchern Energie in Form von **Endenergie** zur Verfügung zu stellen. Wir unterscheiden in diesem Diagramm vier Formen von Endenergie: **Elektrizität, Fernwärme, Treibstoffe** und

„**Wärme**". Letztere besteht hauptsächlich aus nichtelektrischer Heizungs- und Prozesswärme (aus fossilen oder erneuerbaren Energien) und ohne Fernwärme. Stationäre Arbeit nichtelektrischen Ursprungs kann ebenfalls enthalten sein (z. B. stationäre Gas- Benzin- oder Dieselmotoren sowie Pumpen); zumindest in Industrieländern ist dieser Anteil jedoch minim. Mit der Umwandlung von Bruttoenergie in Endenergie sind Verluste verbunden, die wir gesamthaft als **Verluste des Energiesektors** bezeichnen.

Diese Verluste setzen sich zusammen aus den **thermischen Verlusten** in Kraftwerken (thermodynamisch bedingt) sowie in Wärme-Kraft-Kopplungsanlagen und in Heizwerken, ferner aus den **elektrischen Verlusten** im Transport- und Verteilungsnetz, einschließlich elektrischer Eigenbedarf des Energiesektors und schließlich aus den **Restverlusten** des Energiesektors (in Raffinerien, Verflüssigungs- und Vergasungsanlagen, durch Wärmeübertragung, Wärme-Eigenbedarf usw.).

Das Schema zeigt ferner die mit den Verlusten des Energiesektors und dem Verbrauch der Endenergien verbundenen, also vom Bruttoinlandverbrauch verursachten **$CO_2$-Emissionen in Mt.** Der größte Teil der Verluste des Energiesektors ist in der Regel mit der Elektrizitäts- und Fernwärmeproduktion gekoppelt, weshalb die $CO_2$-Emissionen dieser drei Faktoren zusammengefasst werden. Eine Trennung kann mithilfe der nachfolgenden Diagramme oder auch von Abb. 1.7 vorgenommen werden.

## 1.4.2   Energiefluss der Endenergie zu den Endverbrauchern

Die entsprechenden Diagramme (z. B. Abb. 1.9). zeigen wie sich die vier Endenergiearten auf die drei Endverbraucherkategorien verteilen. Ebenso werden die $CO_2$-Emissionen diesen Verbrauchergruppen zugeordnet.

Die Endverbraucher sind (gemäß IEA-Statistik).

* Industrie
* Haushalt, Dienstleistungen, Landwirtschaft etc.
* Verkehr

Zur Bildung der Gesamt-Emissionen werden noch die $CO_2$-Emissionen der im Energiesektor entstehenden Verluste hinzugefügt.

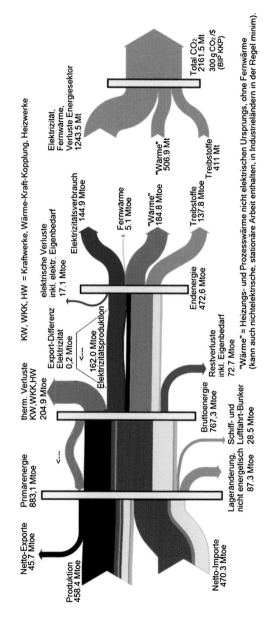

**OECD Ostasien/Ozeanien, 2014**
**Energiefluss im Energiesektor und totale CO$_2$-Emissionen (ohne Schiff- und Luftfahrt-Bunker)**

KW, WKK, HW = Kraftwerke, Wärme-Kraft-Kopplung, Heizwerke

Netto-Exporte
45.7 Mtoe

Primärenergie
883.1 Mtoe

therm. Verluste
KW,WKK,HW
204.9 Mtoe

elektrische Verluste
inkl. elektr. Eigenbedarf
17.1 Mtoe

Elektrizitätsverbrauch
144.9 Mtoe

Export-Differenz
Elektrizität
0.2 Mtoe

162.0 Mtoe
Elektrizitätsproduktion

Elektrizität,
Fernwärme,
Verluste Energiesektor
1243.5 Mt

Fernwärme
5.1 Mtoe

"Wärme"
184.8 Mtoe

Treibstoffe
137.8 Mtoe

Produktion
458.4 Mtoe

Bruttoenergie
767.3 Mtoe

Restverluste
inkl. Eigenbedarf
72.7 Mtoe

Endenergie
472.6 Mtoe

Schiff- und
Lufffahrt-Bunker
28.5 Mtoe

Total CO$_2$
2161.5 Mt
300 g CO$_2$/$
(BIP KKP)

"Wärme"
506.9 Mt

Treibstoffe
411 Mt

Lageränderung,
nicht energetisch
87.3 Mtoe

Netto-Importe
470.3 Mtoe

"Wärme" = Heizungs- und Prozesswärme nicht elektrischen Ursprungs, ohne Fernwärme
(kann auch nichtelektrische, stationäre Arbeit enthalten, in Industrieländern in der Regel minim).

**Abb. 1.8** OECD Ostasien/Ozeanien: Energiefluss im Energiesektor von der Primärenergie zur Endenergie und CO$_2$-Ausstoß. Die Energieträgerfarben sind wie in Abb. 1.5 und 1.7 (aber Erdöl dunkelbraun, Erdölprodukte hellbraun)

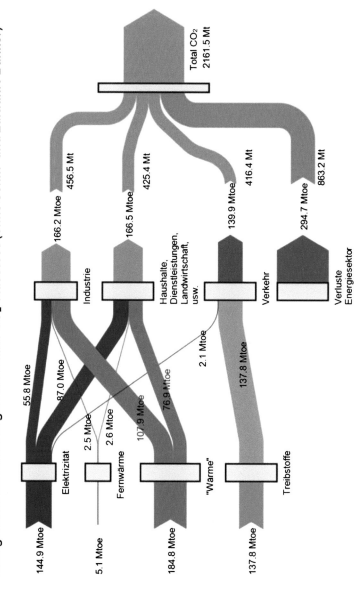

**OECD Ostasien/Ozeanien, 2014**
Energiefluss der Endenergie und totaler CO$_2$-Ausstoss (ohne Schiff- und Luftfahrt-Bunker)

**Abb. 1.9** OECD Ostasien/Ozeanien: Energiefluss der Endenergie zu den Endverbrauchern und zugeordnete CO$_2$-Emissionen

### 1.4.3 OECD Ostasien/Ozeanien

Der Energiefluss im Energiesektor von der Primärenergie zur Endenergie und die sich ergebenden totalen $CO_2$-Emissionen sind in Abb. 1.8 für OECD Ostasien/ Ozeanien dargestellt. In Abb. 1.9 wird der Energiefluss der Endenergie zu den Endverbrauchern veranschaulicht und die entsprechenden $CO_2$-Emissionen sind den Verbrauchersektoren zugeordnet. Insgesamt ist der OECD-Raum ein starker Energieimporteur.

### 1.4.4 China (mit Hongkong)

Die entsprechenden Diagramme für China, für den Energiefluss im Energiesektor und der Endenergie zu den Verbrauchssektoren, werden in den Abb. 1.10 und 1.11 dargestellt. China produziert Kohle für den Eigenbedarf, insgesamt ist es 2014 auf verhältnismässig kleine Energieimporte angewiesen.

### 1.4.5 Restliches Ostasien

Dasselbe gilt auch für die in den Abb. 1.12 und 1.13 dargestellten Diagrammen der Energieflüsse des restlichen Ostasiens. Importe und Exporte sind hier nahezu ausgeglichen.

### 1.4.6 Ostasien/Ozeanien insgesamt

Die Abb. 1.14 und 1.15 erhält man durch Aufsummierung der Flüsse der drei Regionen. Für die Elektrizitätserzeugung und den Wärmebereich, aufgrund des starken Gewichts Chinas aber nicht nur, hat die Kohle einen erheblichen Anteil. Die Handelsbilanz von Ostasien/Ozeanien weist insgesamt Energieimporte auf (Öl und Gas).

Tab. 1.2 vergleicht die Indikatoren der drei Regionen.

Der Indikator g $CO_2$/US$ ergibt sich als Produkt von Energieintensität (abhängig von der Energieeffizienz der Wirtschaft) und $CO_2$-Intensität der Energie.

**Tab. 1.2**   Vergleich der Indikatoren in 2014 (US$ von 2010)

|                      | OECD-Länder | China  | Rest-Ostasien | Ostasien/Ozeanien insgesamt |
|----------------------|-------------|--------|---------------|-----------------------------|
| kWh/$                | 1,24        | 1,97   | 1,12          | 1,61                        |
| g $CO_2$/kWh         | 242         | 270    | 195           | 251                         |
| g $CO_2$/$           | 300         | 532    | 218           | 404                         |
| BIP (KKP) $ pro Kopf,a | 35.000    | 12.500 | 10.600        | 14.000                      |
| t $CO_2$/Kopf,a      | 10,5        | 6,7    | 2,3           | 5,7                         |

kWh/$ = Energieintensität
g $CO_2$/kWh = $CO_2$-Intensität der Energie
g $CO_2$/$ = Maßstab für die Nachhaltigkeit der Wirtschaft bezüglich $CO_2$-Emissionen (kurz: Indikator der $CO_2$-Nachhaltigkeit)
(Vergleichswerte: Westeuropa 167 g $CO_2$/$, USA 323 g $CO_2$/$)

**Tab. 1.3**   Prozentualer Anteil der **erneuerbaren** und **$CO_2$-armen Elektrizitätsproduktion**, im Jahr 2014, in den bevölkerungsreichsten Ländern von Nahost und Südasien (>30 Mio.), sowie **Indikator der $CO_2$-Nachhaltigkeit in g $CO_2$/$**

$CO_2$-arme Energien = erneuerbare Energien + Kernenergie.

|              | Erneuerbare Energien % | $CO_2$-arme Energien % | g $CO_2$/US$ (BIP KKP) |
|--------------|------------------------|------------------------|------------------------|
| China        | 23                     | 25                     | 532                    |
| Australien   | 15                     | 15                     | 368                    |
| Südkorea     | 3                      | 31                     | 345                    |
| Vietnam      | 42                     | 42                     | 303                    |
| Japan        | 15                     | 15                     | 271                    |
| Thailand     | 9                      | 9                      | 247                    |
| Indonesien   | 11                     | 11                     | 176                    |
| Philippinen  | 26                     | 26                     | 149                    |

Werte einiger Länder von Ostasien/Ozeanien sind in Tab. 1.3 gegeben. Hauptsünder bezüglich $CO_2$-Nachhaltigkeit sind Südkorea, Australien und Vietnam mit über 300 g $CO_2$/US$ und vor allem China mit über 500 g $CO_2$/US$!).

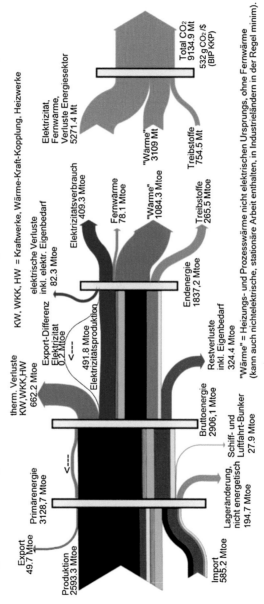

**Abb. 1.10** China (mit Hongkong): Energiefluss im Energiesektor von der Primärenergie zur Endenergie und $CO_2$-Ausstoß. Die Energieträgerfarben sind wie in Abb. 1.5 und 1.7 (Erdöl dunkelbraun, Erdölprodukte hellbraun).

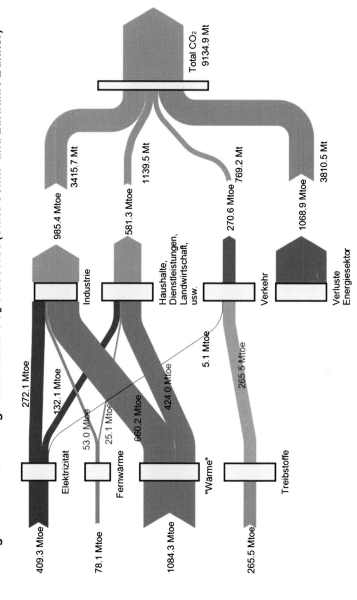

**Abb. 1.11** China (mit Hongkong): Energiefluss der Endenergie zu den Endverbrauchern und zugeordnete $CO_2$-Emissionen

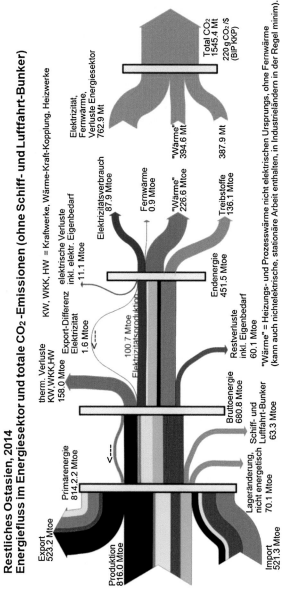

**Abb. 1.12**  Rest-Ostasien: Energiefluss im Energiesektor von der Primärenergie zur Endenergie und CO$_2$-Ausstoß. Die Energieträger-farben sind wie in Abb. 1.5 und 1.7 (Erdöl dunkelbraun, Erdölprodukte hellbraun)

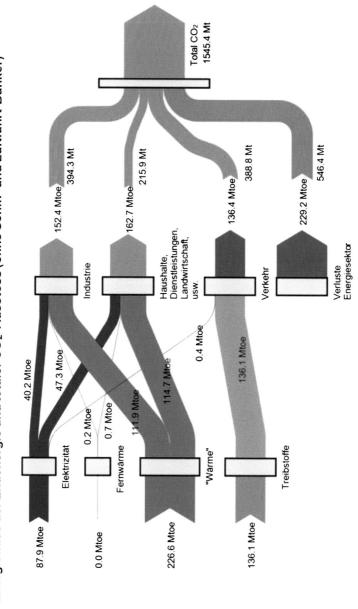

**Restliches Ostasien, 2014**
**Energiefluss der Endenergie und totaler CO₂-Ausstoss (ohne Schiff- und Luftfahrt-Bunker)**

**Abb. 1.13** Rest-Ostasien: Energiefluss der Endenergie zu den Endverbrauchern und zugeordnete $CO_2$-Emissionen

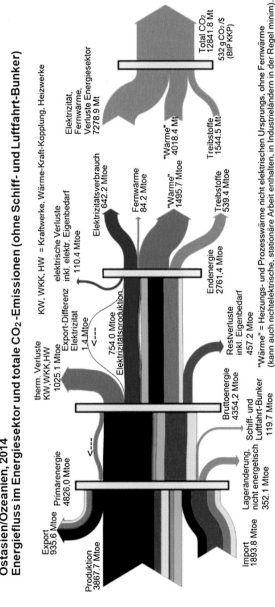

**Abb. 1.14** Ostasien/Ozeanien: Energiefluss im Energiesektor von der Primärenergie zur Endenergie und $CO_2$-Ausstoß. Die Energieträgerfarben sind wie in Abb. 1.5 und 1.7 (Erdöl dunkelbraun, Erdölprodukte hellbraun)

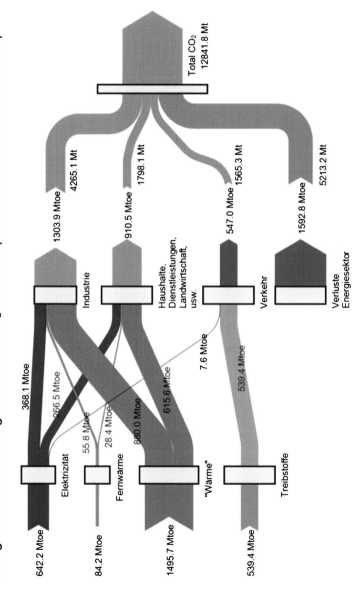

**Ostasien/Ozeanien, 2014**
**Energiefluss der Endenergie und totaler CO$_2$-Ausstoss (ohne Schiff- und Luftfahrt-Bunker)**

**Abb. 1.15** Ostasien/Ozeanien: Energiefluss der Endenergie zu den Endverbrauchern und zugeordnete CO$_2$-Emissionen

## 1.5   Energieintensität

Bevölkerungsreichster Staat von Fern-Asien ist **China** und dessen Entwicklung deshalb für die Region von grundlegender Bedeutung. Die Energieintensität Chinas ist mit 1,97 kWh/US$ (Abb. 1.16) angesichts der Unterentwicklung hoch und deutlich über dem Weltdurchschnitt von 1,57 kWh/US$. Die Effizienz muss stark gesteigert werden. Die gute Entwicklung seit 2000 ist immerhin als positives Signal zu werten.

Auch **Australien, Neuseeland und Südkorea** weisen, trotz Fortschritte, eine für Industrieländer noch ungenügende Effizienz des Energieeinsatzes auf (Westeuropa 0,95 kWh/US$). Sie entspricht eher den nordamerikanischen Verhältnissen (USA 1,5 kWh/US$, [11]).

Die vier bevölkerungsreichsten Länder **des restlichen Ostasien** (Abb. 1.17) sind Indonesien, die Philippinen, Thailand und Vietnam, die zusammen 77 % der Bevölkerung der Region ausmachen und 65 % des BIP erbringen. Indonesien und die Philippinen weisen ein gute Effizienz und ausgezeichnete Fortschritte auf. Verbesserungsbedürftig sind Thailand und Vietnam. Von den industrialisierten

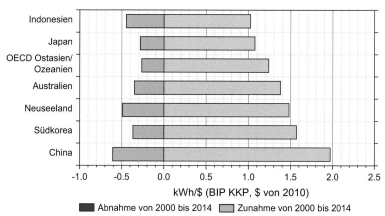

**Abb. 1.16**   Energieintensität von OECD Ostasien/Ozeanien, China und Indonesien, Fortschritte seit 2000

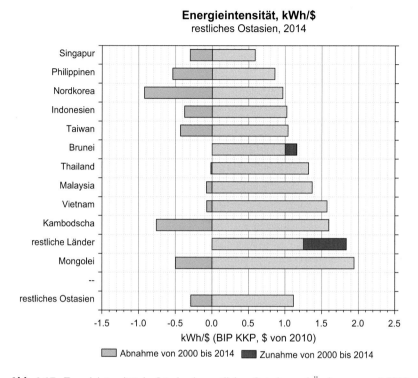

**Abb. 1.17**  Energieintensität der Länder des restlichen Ostasien und Änderungen seit 2000

Ländern, weisen Singapur und Taiwan eine gute Effizienz und gute Fortschritte aus.

In Abb. 1.18 wird schließlich für Fern-Asien/Ozeanien der **Zusammenhang zwischen Energieintensität und Bruttoinlandprodukt pro Kopf** dargestellt. Bei schwacher Entwicklung ist weltweit allgemein eine starke Streuung der Energieintensität feststellbar. Diese hängt stark von den lokalen Verhältnissen ab (verfügbare Energieträger). Bei zunehmendem Wohlstand konvergiert sie dann meistens auf Werte zwischen 1 und 1,5 kWh/US\$. In Zukunft müsste die Energieintensität aus Umwelt- und Klimaschutzgründen deutlich unter 1 kWh/US\$ sinken.

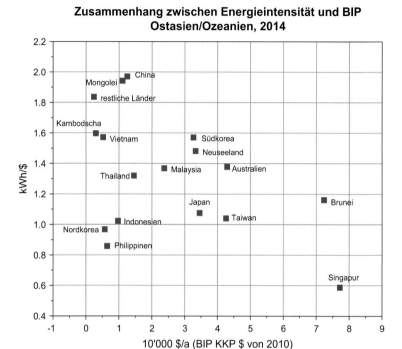

**Abb. 1.18** Energieintensität der Länder Ostasien/Ozeaniens in Abhängigkeit vom BIP KKP pro Kopf ($ von 2010), in 2014

## 1.6    CO$_2$-Intensität der Energie

Anders als bei der Energieintensität ist bei Unterentwicklung in der Regel ein niedriger Wert der CO$_2$-Intensität der Energie zu erwarten, was mit dem stark auf Biomasse ausgerichteten Energieverbrauch zusammenhängt (Abb. 1.19). Zunehmende Entwicklung führt zunächst zum vermehrten Verbrauch fossiler Brennstoffe und somit zu einer Erhöhung der CO$_2$-Intensität der Energie. Dies zeigt

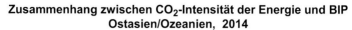

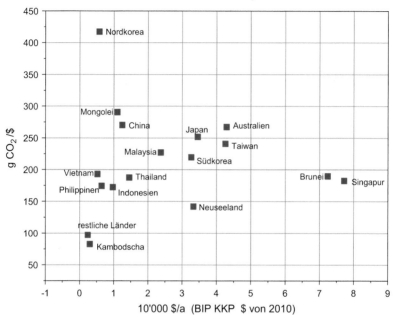

**Abb. 1.19**  CO$_2$-Intensität der Energie in Ostasien/Ozeanien in Abhängigkeit vom BIP KKP pro Kopf (in US$ von 2010)

sich in **China,** wo diese CO$_2$-Intensität seit 2000 zugenommen hat (Abb. 1.20) und nun bereits 250 g CO$_2$/kWh überschritten hat. Bei weiter zunehmendem Wohlstand nimmt die CO$_2$ Intensität wieder ab, wie dies im **OECD-Raum** der Fall ist, wenn auch in ungenügendem Ausmaß. Die starke Zunahme in Japan hängt mit dem Fukushima-Unfall und nachfolgende Abstellung von Kernkraftwerken zusammen (Abb. 1.20).

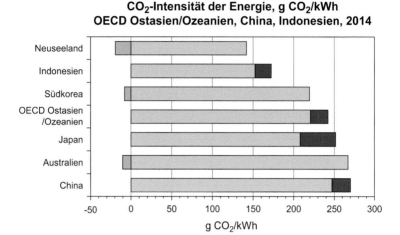

**Abb. 1.20** $CO_2$-Intensität der Energie von OECD Ostasien/Ozeanien, China und Indonesien, Änderungen seit 2000

Die meisten Länder des **restlichen Ostasien** verhalten sich mehr oder weniger nach diesem Schema und befinden sich insgesamt noch in der Zunahme-Phase, wie Abb. 1.21 zeigt. Da aber (mit der Ausnahme von Nordkorea) eher Öl und Gas als Kohle verwendet wird, verbleibt die $CO_2$-Intensität insgesamt noch knapp unter 200 g $CO_2$/kWh.

Im Hinblick auf den Klimaschutz wäre es angebracht zu versuchen, diesen Indikator bis 2030 auf etwa 200 g $CO_2$/kWh oder weniger zu stabilisieren und dann durch stärkere Gewichtung erneuerbarer Energien bei der Elektrizitätsproduktion (Geothermie, Wasser, Wind und Sonne evtl. auch von Kernenergie) bis 2050 empfindlich weiter zu reduzieren (s. Kap. 2).

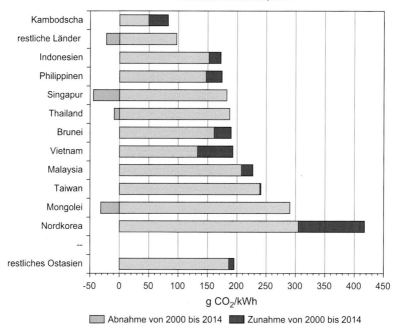

**Abb. 1.21**  $CO_2$-Intensität der Energie der Länder des restlichen Ostasien und Änderungen seit 2000

## 1.7   Indikator der $CO_2$-Nachhaltigkeit

Die Nachhaltigkeit der Energieversorgung bezüglich $CO_2$-Ausstoß wird durch das Produkt von Energieintensität und $CO_2$-Intensität der Energie gut charakterisiert und somit durch den Indikator g $CO_2$/US\$.

In 2014 ist der Durchschnittswert von Ostasien/Ozeanien (mit 420 g $CO_2$/US\$ wesentlich höher als der Weltdurchschnitt von 340 g $CO_2$/US\$. [1, 2]. Zu

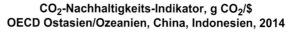

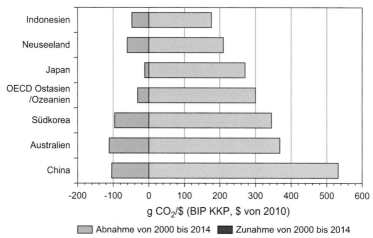

**Abb. 1.22** Indikator der $CO_2$-Nachhaltigkeit von OECD Ostasien/Ozeanien, China und Indonesien, Fortschritte seit 2000

hoch ist vor allem der Wert von China (Abb. 1.22), angesichts des niedrigen Entwicklungsstandes, wobei seit 2000 immerhin erfreuliche, aber noch ungenügende Fortschritte festzustellen sind. Auch Australien und Südkorea müssen weiterhin empfindlich nachbessern.

Nachhaltiger, vor allem dank Indonesien, ist das restliche Ostasien (Abb. 1.23) mit im Mittel 220 g $CO_2$/US$, in erster Linie dank der abnehmenden Tendenz der Energieintensität (Abb. 1.17). Bis 2030 sollte man, um die Klimaschutz-Bedingungen zu erfüllen, einen Wert von höchstens 150 g $CO_2$/US$ anpeilen.

## $CO_2$-Nachhaltigkeits-Indikator, g $CO_2$/$

restliches Ostasien, 2014

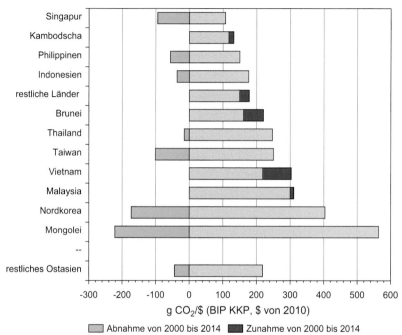

**Abb. 1.23** Indikator der $CO_2$-Nachhaltigkeit des restlichen Ostasien in 2014 und Änderungen seit 2000

Schließlich veranschaulicht die Abb. 1.24 für **Ostasien/Ozeanien** den statistischen Zusammenhang zwischen $CO_2$-Nachhaltigkeit und Bruttoinlandprodukt pro Kopf. Schwach entwickelte Länder sind zwar mehrheitlich, dank Biomasse oder Wasserkraft, bezüglich $CO_2$-Ausstoß unter 200 g $CO_2$/US$ und somit vorerst

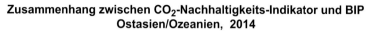

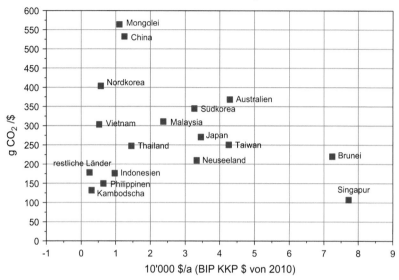

**Abb. 1.24** CO$_2$-Nachhaltigkeit der Länder Ostasien/Ozeaniens in Abhängigkeit vom BIP KKP pro Kopf

noch relativ nachhaltig. Ausnahmen sind Länder mit starkem Kohleanteil bei der Stromerzeugung (wie China, Nordkorea und die Mongolei) und/oder mit schlechter Energieeffizienz. Trotz fortschreitender wirtschaftlicher Entwicklung wäre es angebracht, entsprechend den Klimaschutz-Vorgaben bis 2030 Werte deutlich unter 250 g CO$_2$/US\$ anzupeilen. Dies gilt auch für alle heute schon stark entwickelten OECD-Länder, durch stärkere Förderung erneuerbarer Energien und gegebenenfalls durch Kernenergie oder CCS (Carbon Capture and Storage).

# CO$_2$-Emissionen und Indikatoren von 1980 bis 2014, notwendiges Szenario zur Einhaltung des 2-Grad-Ziels

**2**

Die Abb. 2.1 zeigt die Anteile der Weltregionen an den weltweiten, für den Klimawandel ausschlaggebenden, **kumulierten Emissionen von 1971 bis 2014.** Die stark industrialisierten Länder sind eindeutig die Hauptverursacher des Klimawandels, wie die Abb. 2.2 noch etwas detaillierter zeigt. Zu den 262 Gt C kumulierten Emissionen von 1971 bis 2014 kommen noch etwa 100 Gt von 1870 bis

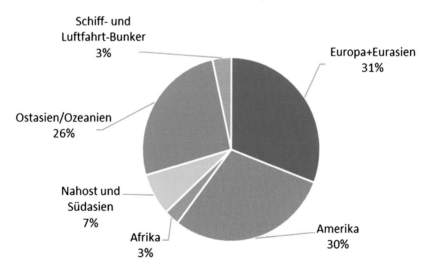

**Abb. 2.1** Prozent-Anteile der kumulierten CO$_2$-Emissionen von 1971 bis 2014. Gt C = Gigatonnen Kohlenstoff, 1 Gt C = 3,67 Gt CO$_2$

© Springer Fachmedien Wiesbaden GmbH 2018

V. Crastan, *Klimawirksame Kennzahlen für Ostasien und Ozeanien,*
essentials, https://doi.org/10.1007/978-3-658-20612-3_2

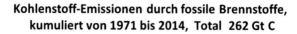

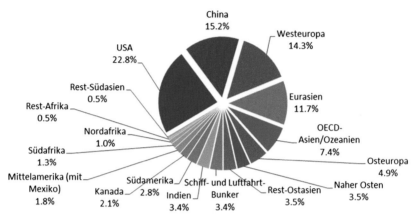

**Abb. 2.2**   Verursacher der kumulierten Emissionen seit 1971

1971 hinzu, letztere in erster Linie von Europa und USA verursacht. Seit Beginn der Industrialisierung sind also **362 Gt C** an die Atmosphäre abgegeben worden. Für das 2-Grad-Ziel sind bis 2100 maximal 800 Gt zulässig, für das 1,5-Grad-Ziel nur 550 Gt [2].

## 2.1   OECD Ostasien/Ozeanien

Ein mit dem 2-Grad-Ziel ([2], [6] bis [9]) kompatibles Szenario bis 2050 für den OECD-Raum von Ostasien/Ozeanien zeigt die Abb. 2.3. Der entsprechende Verlauf der Indikatoren ist in Abb. 2.4 wiedergegeben. Ab 2020 ist sowohl eine deutliche Verbesserung der Energieeffizienz notwendig, als auch eine Reduktion der CO$_2$-Intensität der Energie durch Förderung erneuerbarer Energien oder evtl. der Kernenergie.

Die dazu notwendigen prozentualen jährlichen Änderungen bis 2030 für die beiden Varianten sind detaillierter in Abb. 2.5 wiedergegeben. Die Variante *a* ist vor allem anzustreben. Sie würde bei verstärkter Reduktionstendenz der Indikatoren ab 2030 auch Ziele unter 2 °C (z. B. 1,5 °C) ermöglichen.

Der zugehörige Verlauf der pro Kopf-Indikatoren für das kaufkraftbereinigte Bruttoinlandprodukt, die Bruttoenergie und den CO$_2$-Ausstoß sind schließlich in Abb. 2.6 dargestellt, für 1980 bis 2014 und entsprechend dem 2-Grad-Szenario.

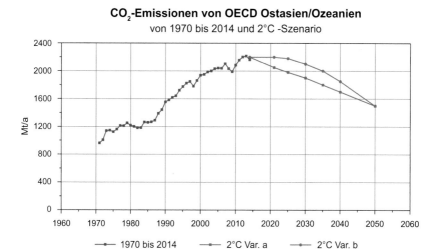

**Abb. 2.3** Mit dem 2-Grad-Ziel kompatibles Szenario für OECD Ostasien/Ozeanien

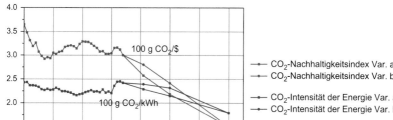

**Abb. 2.4** Indikatoren-Verlauf von 1980 bis 2014 und mit dem 2 °C-Ziel kompatibler Verlauf bis 2050

**OECD Ostasien/Ozeanien, 2°C- Ziel, Var. *a* : 1900 Mt CO$_2$ in 2030**

Trend der Indikatoren von 2000 bis 2014 und
notwendiger Trend von 2014 bis 2021 und von 2021 bis 2030

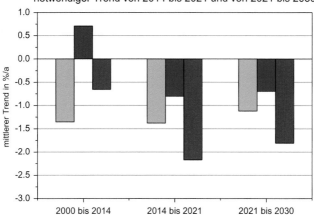

**OECD Ostasien/Ozeanien, 2°C- Ziel, Var. *b:* 2'100 Mt CO$_2$ in 2030**

Trend der Indikatoren von 2000 bis 2014 und
notwendiger Trend von 2014 bis 2021 und von 2021 bis 2030

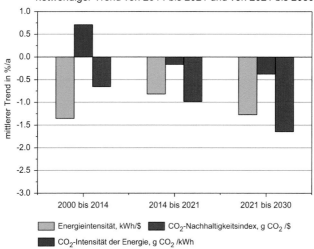

**Abb. 2.5** Indikatoren-Trend in %/a von 2000 bis 2014 und notwendige Trendänderung ab 2014 zur Einhaltung des 2- Grad-Ziels für die Varianten *a* und *b*

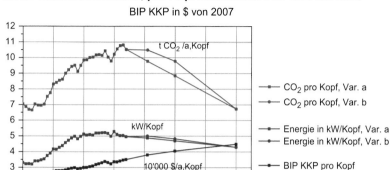

**Abb. 2.6**  Pro Kopf Indikatoren vom OECD Ostasien/Ozeanien von 1980 bis 2014 und 2-Grad-Szenario bis 2050

## 2.2    China (mit Hongkong)

Ein mit dem 2-Grad-Ziel kompatibles Szenario bis 2050 für China zeigt Abb. 2.7. Der entsprechende Verlauf der Indikatoren ist in Abb. 2.8 wiedergegeben.

China hat mit über 500 g $CO_2$/US$ den weltweit schlechtesten $CO_2$-Nachhaltigkeitsindikator. Die gute Tendenz seit 2005 muss fortgesetzt werden, um bis 2030 auf Werte von knapp über 200 g $CO_2$/US$ zu gelangen. Dies durch weitere Verbesserung der Energieeffizienz und Reduktion der $CO_2$-Intensität der Energie. Letztere sollte bis 2030 durch Umstellung von Kohle auf Gas, durch Kernenergie und erneuerbare Energien und evtl. durch CCS möglichst auf Werte unter 200 g $CO_2$/kWh vermindert und dann bis 2050 auf etwa 100 g $CO_2$/kWh reduziert werden. China ist weltweit entscheidend für die Einhaltung des 2 °C-Klimaziels.

Die dazu notwendigen prozentualen jährlichen Änderungen bis 2030 für die beiden Varianten sind detaillierter in Abb. 2.9 wiedergegeben. Die Variante *a* ist vor allem anzustreben. Sie würde bei verstärkter Reduktionstendenz der Indikatoren ab 2030 auch Ziele unter 2 °C (z. B. 1,5 °C) ermöglichen.

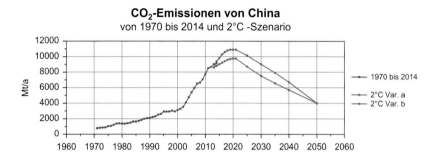

**Abb. 2.7** Emissionen von 1970 bis 2014 und mit dem 2-Grad-Ziel kompatibles Szenario für China

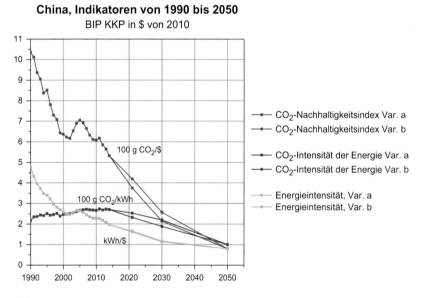

**Abb. 2.8** Indikatoren-Verlauf von 1990 bis 2014 und mit dem 2 °C-Ziel kompatibler Verlauf bis 2050

Der zugehörige Verlauf der pro Kopf-Indikatoren für das kaufkraftbereinigte Bruttoinlandprodukt, die Bruttoenergie und den CO$_2$-Ausstoß sind schließlich in Abb. 2.10 dargestellt, für 1980 bis 2014 und entsprechend dem 2-Grad-Szenario.

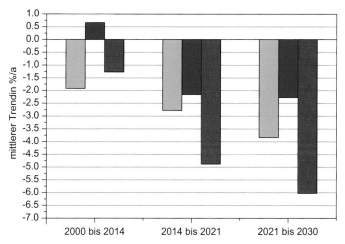

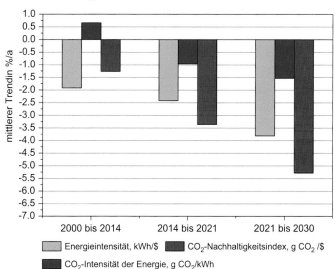

**Abb. 2.9** Indikatoren-Trend in %/a von 2000 bis 2014 und notwendige Trendänderung ab 2014 zur Einhaltung des 2- Grad-Ziels für die Varianten *a* und *b*

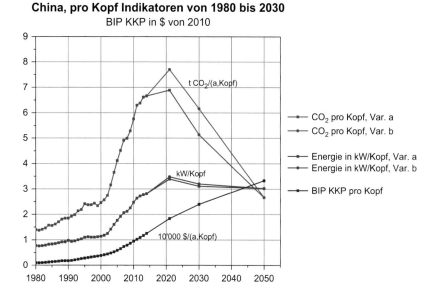

**Abb. 2.10**   Pro Kopf Indikatoren Chinas von 1980 bis 2014 und 2-Grad-Szenario bis 2050

## 2.3   Restliches Ostasien

Ein mit dem 2-Grad-Ziel kompatibles Emissions-Szenario bis 2050 für das insgesamt eher unterentwickelte restliche Ostasien zeigt Abb. 2.11. Der entsprechende Verlauf der Indikatoren ist in Abb. 2.12 wiedergegeben. Notwendig sind die weitere Verminderung der bereits relativ guten Energieintensität und eine Inversion der gegenwärtigen Tendenz zur Erhöhung der $CO_2$-Intensität der Energie.

Die bis 2030 notwendigen prozentualen jährlichen Änderungen der Indikatoren für die beiden Varianten sind detaillierter in Abb. 2.13 wiedergegeben. Die Variante b ist sowohl bezüglich Energieintensität als auch $CO_2$-Intensität der Energie großzügiger. Die Variante *a* ist vor allem anzustreben. Sie würde bei verstärkter Reduktionstendenz der Indikatoren ab 2030 auch Ziele unter 2 °C (z. B. 1,5 °C) ermöglichen.

Der zugehörige Verlauf der pro Kopf Indikatoren für das kaufkraftbereinigte Bruttoinlandprodukt, die Bruttoenergie und den $CO_2$-Ausstoß sind schließlich in Abb. 2.14 dargestellt, für 1980 bis 2014 und entsprechend dem 2-Grad-Szenario.

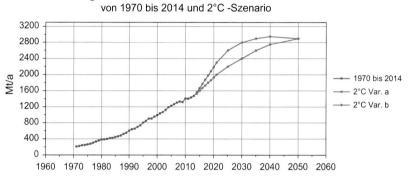

**Abb. 2.11**  Mit dem 2-Grad-Ziel kompatibles Szenario für das restliche Ostasien

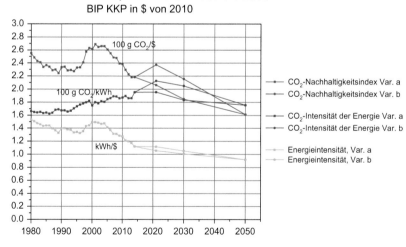

**Abb. 2.12**  Indikatoren-Verlauf von 1980 bis 2014 und mit dem 2 °C-Ziel kompatibler Verlauf bis 2050

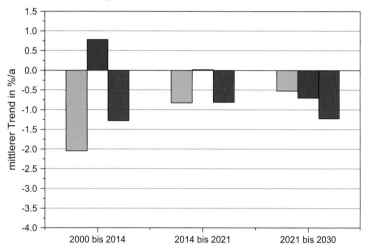

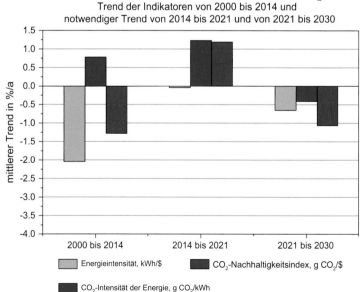

**Abb. 2.13** Indikatoren-Trend in %/a von 2000 bis 2014 und notwendige Trendänderung ab 2014 zur Einhaltung des 2- Grad-Ziels für die Varianten *a* und *b*

**restliches Ostasien, pro Kopf Indikatoren von 1980 bis 2030**

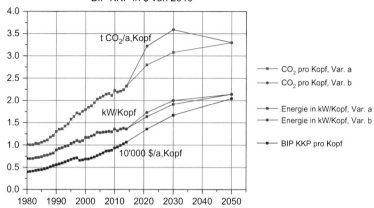

**Abb. 2.14** Pro Kopf Indikatoren des restlichen Ostasien von 1980 bis 2014 und 2-Grad-Szenario bis 2050

## 2.4 Ostasien/Ozeanien insgesamt

Die entsprechenden Diagramme für Ostasien/Ozeanien insgesamt ergeben sich durch Aufsummierung der Diagramme der drei Regionen und sind in den Abb. 2.15, 2.16, 2.17, 2.18 und 2.19 gegeben.

Die Abb. 2.15 und 2.16 veranschaulichen die $CO_2$-Emissionen und die entsprechenden Indikatoren bis 2050 für die zwei Varianten *a* und *b*.

Die bis 2030 notwendigen prozentualen jährlichen Änderungen der Indikatoren für die beiden Varianten sind detaillierter in den Abb. 2.17 wiedergegeben. Der Verlauf der pro Kopf Indikatoren für das kaufkraftbereinigte Bruttoinlandprodukt, die Bruttoenergie und den $CO_2$-Ausstoß sind schließlich in Abb. 2.18 dargestellt.

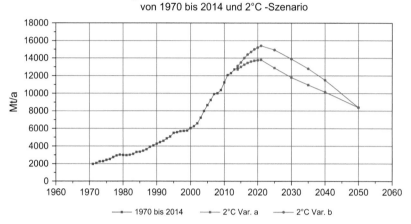

**CO₂-Emissionen von Ostasien/Ozeanien**
von 1970 bis 2014 und 2°C -Szenario

**Abb. 2.15**  Mit dem 2-Grad-Ziel kompatibles Szenario für Ostasien/Ozeanien

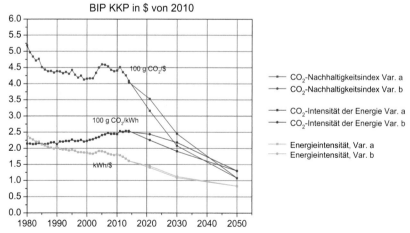

**Ostasien/Ozeanien, Indikatoren 1980 bis 2050**
BIP KKP in $ von 2010

**Abb. 2.16**  Indikatoren-Verlauf von 1980 bis 2014 und mit dem 2 °C-Ziel kompatibler Verlauf bis 2050

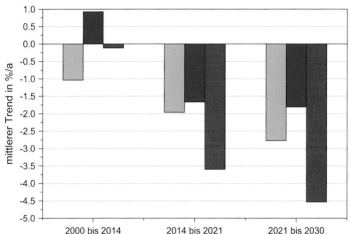

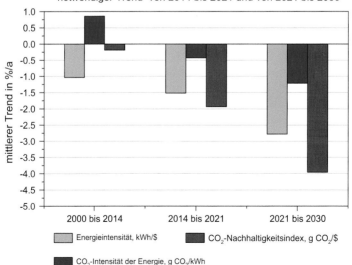

**Abb. 2.17**  Indikatoren-Trend in %/a von 2000 bis 2014 und notwendige Trendänderung ab 2014, Variante *a* und *b*

**Ostasien/Ozeanien, pro Kopf Indikatoren von 1980 bis 2050**

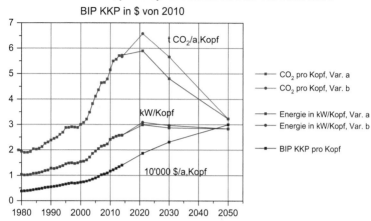

**Abb. 2.18**  Pro Kopf Indikatoren Ostasien/Ozeaniens von 1980 bis 2014 und 2-Grad-Szenario bis 2050

## 2.5   Zusammenfassung

Die Abb. 2.19 und 2.20 geben die notwendige Änderung in % des Indikators g $CO_2$/US\$ von 2014 bis 2030, für die beiden Varianten *a* und *b,* um das 2 °C-Klimaziel zu erreichen.

Die **grüne Kurve** entspricht der im **Mittel weltweit notwendigen Reduktion** des Indikators [2]. Die strengere Variante *a* ist wenn möglich anzustreben. Die Variante *b* ist großzügiger, hat aber den Nachteil, dass ab 2030 umso größere Anstrengungen notwendig werden, um das 2 °C-Ziel überhaupt zu erreichen.

Die **rote Kurve** gibt, in Übereinstimmung mit der vorangehenden Analyse, die **empfohlene Änderung** für die drei Regionen und für Ostasien/Ozeanien insgesamt. Die Marge relativ zum weltweiten Mittel, falls vorhanden, ist ein Bonus für die Entwicklungs- und Schwellenländer. Sie wird ermöglicht und kompensiert durch eine entsprechend stärkere Anstrengung von China und der Industriewelt (siehe z. B., was Europa betrifft, Band 1 [10] und für Nordamerika Band 2 [11] der *essentials*-Reihe).

**Ziele unter 2 °C**

Nur mit der **Variante *a*** sind auch **Ziele unter 2 °C** greifbar, z. B. 1,5 °C, mit verstärkten Anstrengungen ab 2030. Für das 1,5 °C Ziel dürfen bis 2100 die kumulier-

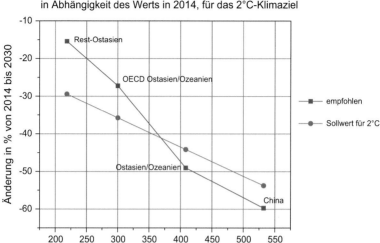

**Ostasien/Ozeanien:** Änderung bis 2030 des Indikators g $CO_2$/\$, Var. *a* in Abhängigkeit des Werts in 2014, für das 2°C-Klimaziel

**Abb. 2.19** Notwendige Änderung des Indikators g $CO_2$/\$, um das 2 °C-Klimaziel zu erreichen, Variante *a*

ten Emissionen seit 1820 höchstens 550 Gt C betragen [2]. Da weltweit bis 2030, selbst mit der strengeren Variante a, die kumulierten Emissionen bereits 500 Gt C erreichen, verbleibt eine Reserve von nur 50 Gt C, was 180 Gt $CO_2$ entspricht.

Das 1,5 °C-Klimaziel lässt sich somit nur mit einem möglichst raschen Abbau der für 2030 prognostizierten Gesamtemission von rund 28 Gt auf Null Gt $CO_2$ spätestens bis 2050 erreichen. Dazu dürfte zusätzlich die Hilfe „negativer Emissionen" [2] erforderlich sein.

Die rasche und starke Verbesserung der $CO_2$-Nachhaltigkeit zur Gewährleistung mindestens des 2-Grad-Ziels erfordert (wobei für das restliche Ostasien diese Forderungen teilweise erst mittel- bis langfristig bezahlbar sein dürften):

- Bei Heizwärme- und Kühlung: bessere **Gebäudeisolation**, Ersatz von Ölheizungen durch Gasheizungen und vor allem durch **Wärmepumpenheizungen** (s. dazu auch Kap. 3 und [1]), sowie durch möglichst **$CO_2$-frei erzeugte Fernwärme** sowie **Solar-Warmwasser.** Kühlung mit **Erdsonden und $CO_2$-arm erzeugte Elektrizität.**

**Ostasien/Ozeanien:** Änderung bis 2030 des Indikators g $CO_2$/$, Var. *a*
in Abhängigkeit des Werts in 2014, für das 2°C-Klimaziel

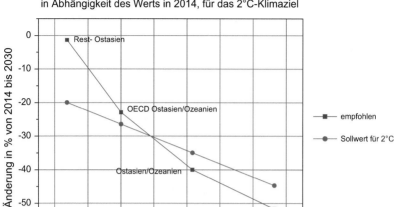

**Abb. 2.20** Notwendige Änderung des Indikators g $CO_2$/$, um das 2 °C-Klimaziel zu erreichen, Variante *b*

- Bei Prozesswärme: Ersatz fossiler Energieträger soweit möglich durch **$CO_2$-arm erzeugte Elektrizität** und **Solarwärme.**
- Im Verkehr: **effizientere** Motoren und fortschreitende **Elektrifizierung:** Bahnverkehr, Elektro- und Hybridfahrzeuge für den Privat- und Warenverkehr. Letztere sind sehr sinnvoll bei einer **$CO_2$-armen Elektrizitätsproduktion** von mindestens 50 % (s. dazu Tab. 1.3).

Dazugehörende für alle wichtigste Maßnahme ist eine rasch fortschreitende Entwicklung zu einer möglichst **$CO_2$-freien Elektrizitätsproduktion.** Diese kann in erster Linie durch erneuerbare Energien insbesondere auch mit Geothermie, aber auch durch Kernenergie oder CCS erreicht werden. Ebenso notwendig ist die Anpassung der Netze und Speichertechniken an die hohe Variabilität von Solar- und Windenergie.

Die Abb. 2.21 zeigt den Anteil von Nahost und Südasien und der übrigen Weltregionen an den weltweiten $CO_2$-Emissionen durch fossile Brennstoffe im Jahr 2014.

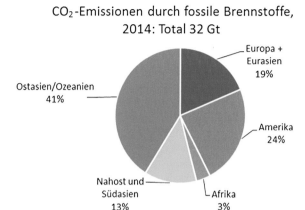

**Abb. 2.21**  Prozent-Anteile der fünf Weltregionen an den $CO_2$-Emissionen in 2014

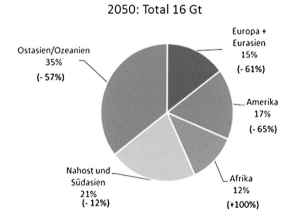

**Abb. 2.22**  Prozent-Anteile der $CO_2$-Emissionen in 2050, 2-Grad-Klimaziel

Die Abb. 2.22 zeigt, wie sich diese Anteile bis 2050 verändern, wenn die für das 2-Grad-Klimaziel notwendige Halbierung der Gesamtemissionen erzielt wird (in Klammern Änderung der effektiven Emissionen relativ zu 2014). Für Ostasien/Ozeanien insgesamt ergibt sich eine Reduktion der Emissionen um 57 %.

# Weitere Daten der Länder von Ostasien/ Ozeanien

**3**

## 3.1 Japan, Südkorea, Australien

### 3.1.1 Energieflüsse in Japan (Abb. 3.1 und 3.2)

**Einwohnerzahl: 127 Mio.**
Gegenwärtig ist Japan ein nahezu reiner Energieimporteur (Abb. 3.1). Nach dem Fukushima-Unfall im Jahr 2011 wurde bis 2014 die Elektrizitätsproduktion aus Kernenergie, die einen Anteil von rund 25 % hatte, auf Null gefahren und in erster Linie durch Gas und Kohle ersetzt (Abb. 3.7). Dementsprechend hat sich die $CO_2$-Intensität der Energie deutlich verschlechtert (Abb. 1.18). Die $CO_2$-Nachhaltigkeit konnte dank Verbesserung der Energieeffizienz etwa stabil auf 270 g $CO_2$/ US$ (BIP KKP) gehalten werden (Abb. 1.20). Um die Klimaziele zu erreichen, sollten die OECD-Mitglieder Ostasiens bis 2030 etwa 220 g $CO_2$/US$ und bis 2050 etwa 150 g $CO_2$/US$ anpeilen (Abb. 2.2). In Japan ist dies durch Verstärkung der Elektrizitätsproduktion aus erneuerbaren Energien, Wiedereinschaltung mehrerer Kernkraftwerke und Elektrifizierung des Verkehrs erreichbar. Die Energieeffizienz muss gleichzeitig deutlich unter 1 kWh/US$ gesenkt werden.

### 3.1.2 Energieflüsse in Südkorea (Abb. 3.3 und 3.4)

**Einwohnerzahl: 50 Mio.**
Die Situation Südkoreas ist als Energieimporteur ähnlich derjenigen Japans (Abb. 3.3), aber selbst mit einem Anteil der Kernenergie an der Elektrizitätsproduktion von 28 % ist die Energieversorgung, trotz erheblicher Fortschritte seit

© Springer Fachmedien Wiesbaden GmbH 2018
V. Crastan, *Klimawirksame Kennzahlen für Ostasien und Ozeanien*,
essentials, https://doi.org/10.1007/978-3-658-20612-3_3

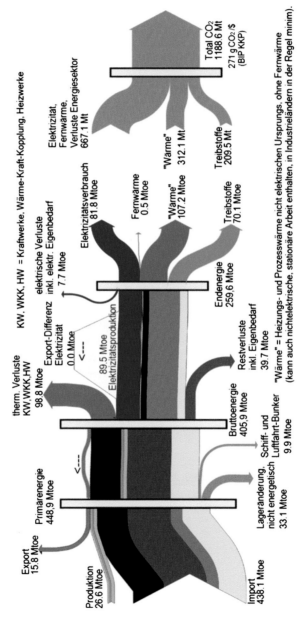

**Abb. 3.1** Japan: Energiefluss im Energiesektor von der Primärenergie zur Endenergie und CO$_2$-Ausstoß. Die Energieträgerfarben sind wie in Abb. 1.5 und Abb. 1.7 (Erdöl dunkelbraun, Erdölprodukte hellbraun)

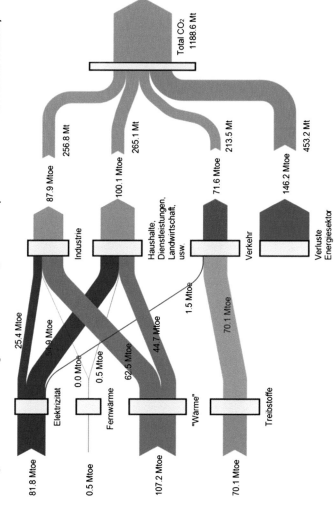

**Japan, 2014**
**Energiefluss der Endenergie und totaler CO$_2$-Ausstoss (ohne Schiff- und Luftfahrt-Bunker)**

**Abb. 3.2** Japan: Energiefluss der Endenergie zu den Endverbrauchern und zugeordnete CO$_2$-Emissionen

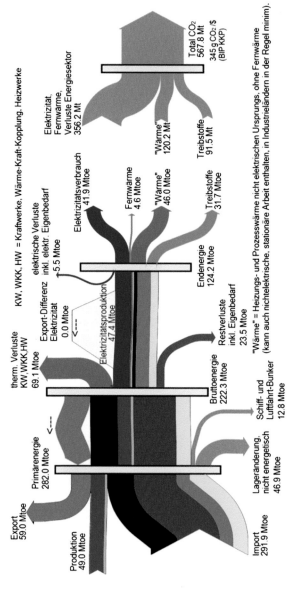

**Südkorea, 2014**
**Energiefluss im Energiesektor und totale CO$_2$-Emissionen (ohne Schiff- und Luftfahrt-Bunker)**

KW, WKK, HW = Kraftwerke, Wärme-Kraft-Kopplung, Heizwerke

Export 59.0 Mtoe

Produktion 49.0 Mtoe

Primärenergie 282.0 Mtoe

therm. Verluste KW,WKK,HW 69.1 Mtoe

elektrische Verluste inkl. elektr. Eigenbedarf 5.5 Mtoe

Export-Differenz Elektrizität 0.0 Mtoe

Elektrizitätsproduktion 47.4 Mtoe

Elektrizitätsverbrauch 41.9 Mtoe

Fernwärme 4.6 Mtoe

"Wärme" 46.0 Mtoe

Treibstoffe 31.7 Mtoe

Endenergie 124.2 Mtoe

Elektrizität, Fernwärme, Verluste Energiesektor 356.2 Mt

"Wärme" 120.2 Mt

Treibstoffe 91.5 Mt

Total CO$_2$ 567.8 Mt

345 g CO$_2$/$ (BIP KKP)

Bruttoenergie 222.3 Mtoe

Restverluste inkl. Eigenbedarf 23.5 Mtoe

Schiff- und Luftfahrt-Bunker 12.8 Mtoe

Lageränderung, nicht energetisch 46.9 Mtoe

Import 291.9 Mtoe

"Wärme" = Heizungs- und Prozesswärme nicht elektrischen Ursprungs, ohne Fernwärme (kann auch nichtelektrische, stationäre Arbeit enthalten, in Industrieländern in der Regel minim).

**Abb. 3.3** Südkorea: Energiefluss im Energiesektor von der Primärenergie zur Endenergie und CO$_2$-Ausstoß. Die Energieträgerfarben sind wie in Abb. 1.5 und Abb. 1.7 (Erdöl dunkelbraun, Erdölprodukte hellbraun)

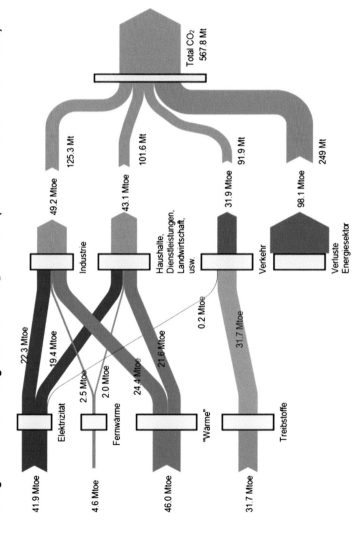

**Südkorea, 2014**
**Energiefluss der Endenergie und totaler CO$_2$-Ausstoss (ohne Schiff- und Luftfahrt-Bunker)**

**Abb. 3.4** Südkorea: Energiefluss der Endenergie zu den Endverbrauchern und zugeordnete CO$_2$-Emissionen

2000 (Abb. 1.21), mit 345 g $CO_2$/US\$ alles andere als nachhaltig. Zur Erzielung der Klimaziele muss die Elektrizitätsversorgung den Kohleanteil stark reduzieren (Abb. 3.7) zugunsten von Gas und erneuerbaren Energien. Auch die Energieintensität von über 1.5 kWh/US\$, deutlich über derjenigen Japans und Australiens, muss stark reduziert werden.

### 3.1.3　Energieflüsse in Australien (Abb. 3.5 und 3.6)

**Einwohnerzahl: 24 Mio.**

Als großer Kohleproduzent und Exporteur (Abb. 3.5) basiert auch die Elektrizitätsproduktion Australiens zu mehr als 60 % auf Kohle (Abb. 3.7). Dementsprechend ist die Nachhaltigkeit der Energiewirtschaft mit 339 g $CO_2$/US\$ eine der schlechtesten im OECD-Raum. Die Erreichung der Klimaziele im Rahmen der OECD-Gruppe Ostasien/Ozeanien erfordert erhebliche Anstrengungen (s. Abschn. 2.1). Neben starker Förderung erneuerbarer Energien (Sonne, Wind und Geothermie) könnten auch CCS und evtl. Kernenergie (Australien als großes Uranförderland) einen Beitrag leisten. Die Energieeffizienz ist seit 2000 deutlich verbessert worden. Die Energieintensität muss aber bis 2050 deutlich unter 1 kWh/US\$ sinken (Abb. 1.15).

**Australien, 2014**
**Energiefluss im Energiesektor und totale CO$_2$-Emissionen (ohne Schiff- und Luftfahrt-Bunker)**

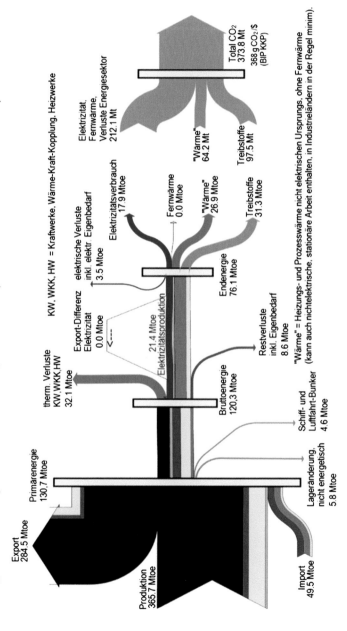

**Abb. 3.5**  Australien: Energiefluss im Energiesektor von der Primärenergie zur Endenergie und CO$_2$-Ausstoß. Die Energieträgerfarben sind wie in Abb. 1.5 und Abb. 1.7 (Erdöl dunkelbraun, Erdölprodukte hellbraun)

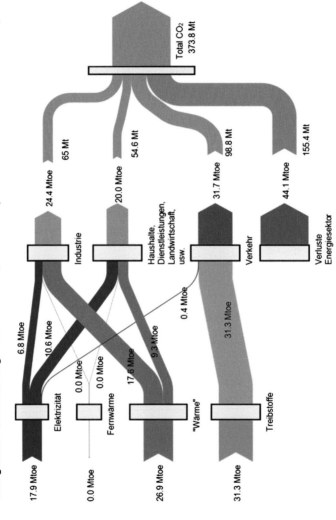

**Australien, 2014**
**Energiefluss der Endenergie und totaler CO$_2$-Ausstoss (ohne Schiff- und Luftfahrt-Bunker)**

**Abb. 3.6** Australien: Energiefluss der Endenergie zu den Endverbrauchern und zugeordnete CO$_2$-Emissionen

### 3.1.4 Elektrizitätsproduktion und -verbrauch in Japan, Südkorea und Australien (Abb. 3.7)

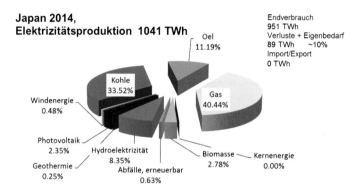

Japan 2014,
Elektrizitätsproduktion 1041 TWh

Endverbrauch
951 TWh
Verluste + Eigenbedarf
89 TWh    ~10%
Import/Export
0 TWh

Oel 11.19%
Kohle 33.52%
Windenergie 0.48%
Gas 40.44%
Photovoltaik 2.35%
Hydroelektrizität 8.35%
Geothermie 0.25%
Abfälle, erneuerbar 0.63%
Biomasse 2.78%
Kernenergie 0.00%

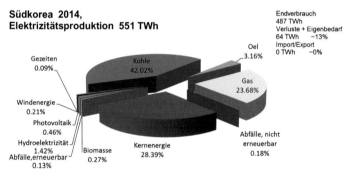

Südkorea 2014,
Elektrizitätsproduktion 551 TWh

Endverbrauch
487 TWh
Verluste + Eigenbedarf
64 TWh    ~13%
Import/Export
0 TWh    ~0%

Gezeiten 0.09%
Oel 3.16%
Kohle 42.02%
Gas 23.68%
Windenergie 0.21%
Photovoltaik 0.46%
Hydroelektrizität 1.42%
Abfälle, erneuerbar 0.13%
Biomasse 0.27%
Kernenergie 28.39%
Abfälle, nicht erneuerbar 0.18%

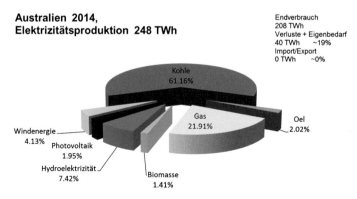

Australien 2014,
Elektrizitätsproduktion 248 TWh

Endverbrauch
208 TWh
Verluste + Eigenbedarf
40 TWh    ~19%
Import/Export
0 TWh    ~0%

Kohle 61.16%
Gas 21.91%
Oel 2.02%
Windenergie 4.13%
Photovoltaik 1.95%
Hydroelektrizität 7.42%
Biomasse 1.41%

**Abb. 3.7** Anteile der Energieträger an der Elektrizitätsproduktion in Japan, Südkorea und Australien

## 3.2 Indonesien, Philippinen, Vietnam, Thailand

### 3.2.1 Energieflüsse in Indonesien (Abb. 3.8 und 3.9)

**Einwohnerzahl: 254 Mio.**
Indonesien ist nach China der bevölkerungsreichste Staat Ostasiens und demzufolge für die Erreichung der Klimaziele von großer Bedeutung. Indonesien ist ein großer Kohleproduzent und Exporteur (Abb. 3.8) und auch die eigene Elektrizitätserzeugung basiert zu etwa 50 % auf Kohle (Abb. 3.14), in den letzten Jahren leider mit steigender Tendenz (in 2000 waren es nur 36 %). Dementsprechend hat die $CO_2$-Intensität der Energie zugenommen (Abb. 1.19). Der Nachhaltigkeitsindikator konnte unter 200 g $CO_2$/US$ gehalten werden, dank der Verbesserung der Effizienz und dank dem großen Biomasseanteil im Wärmebereich (Abb. 3.8). Zur Erreichung der Klimaziele ist eine Trendumkehr notwendig durch stärkere Förderung der erneuerbaren Energien, insbesondere Geothermie, Wind- und Solarenergie sowie Wasserkraft. Die sehr schwache Elektrifizierung des Landes (11 %) muss für die Entwicklung überwunden werden. Zur Erreichung der Klimaziele sollte der Indikator der $CO_2$-Nachhaltigkeit gemäß Abb. 2.10 bis 2030 weiterhin unter 200 g $CO_2$/US$ gehalten und bis 2050 auf 160 g $CO_2$/US$ gesenkt werden.

### 3.2.2 Energieflüsse in den Philippinen (Abb. 3.10 und 3.11)

**Einwohnerzahl: 99 Mio.**
Die Elektrizitätsproduktion basiert zu 43 % und zunehmend auf Kohle (Abb. 3.14), die importiert werden muss, sowie auf die eigene Gasproduktion (Abb. 3.10 und 3.11). Die drittbeste $CO_2$-Nachhaltigkeit von Rest-Ostasien von rund 150 g $CO_2$/US$ (Abb. 1.22) konnte, ähnlich Indonesien, dank Verbesserung der Effizienz und dank Biomasse bei der Wärmeversorgung gehalten werden. Zur Erreichung der Klimaziele muss auf den Kohleimport verzichtet und der Kohleanteil durch den weiteren Ausbau erneuerbarer Energien (Geothermie, Wasser, Wind und Fotovoltaik) ersetzt werden. Die fortgeschrittene Elektrifizierung (20 %) bietet falls konsequent weitergeführt gute Voraussetzungen für die Elektromobilität.

### 3.2.3   Energieflüsse in Vietnam (Abb. 3.12 und 3.13)

**Einwohnerzahl: 91 Mio.**

Obwohl 41 % der Elektrizitätsproduktion auf Wasserkraft beruht, weist Vietnam einen schlechten Indikator der $CO_2$-Nachhaltigkeit von über 300 g $CO_2$/US$ aus. Hauptgrund ist die starke Kohleabhängigkeit der Wärmeversorgung im Industriebereich (Abb. 3.12 und 3.13). Aber auch die Energieintensität deutlich über 1,5 kWh/US$, ein Zeichen ungenügender Energieeffizienz, trägt dazu bei. Die beträchtliche Kohleproduktion des Landes dient fast vollständig der Deckung der eigenen Bedürfnisse. Zur Erreichung der Klimaziele (200 g $CO_2$/US$ bis 2030 und 160 g $CO_2$/US$ bis 2050 s. Abb. 2.10) ist eine Trendwende zugunsten der in Vietnam reichlich vorhandenen erneuerbaren Energien aus Wind und Sonne notwendig. Geothermie und evtl. Kernenergie oder CCS könnten ebenfalls einen Beitrag leisten.

### 3.2.4   Energieflüsse in Thailand (Abb. 3.14 und 3.15)

**Einwohnerzahl: 68 Mio.**

Thailand ist auf Importe fossiler Energieträger (Kohle und Erdöl) angewiesen. Lediglich Erdgas stammt mehrheitlich aus eigener Produktion (Abb. 3.14). Nur 9 % der Elektrizitätsproduktion stammt aus erneuerbaren Energien (vorwiegend Wasserkraft und Biomasse, Abb. 3.17). Dementsprechend ist Thailand mit 247 g $CO_2$/US$ nicht besonders nachhaltig. Um die Klimaziele zu respektieren (180 g $CO_2$/US$ bis 2030 und 160 g $CO_2$/US$ bis 2050), muss der Hunger nach mehr Elektrizität vorwiegend durch erneuerbare Energien (Wind, Sonne und Wasser) gedeckt werden und, wenn mit Kohle, dann nur verbunden mit CCS. Auch die Energieintensität muss bis 2030 durch Effizienzverbesserungen auf 1 kWh/US$ sinken (Abb. 2.10).

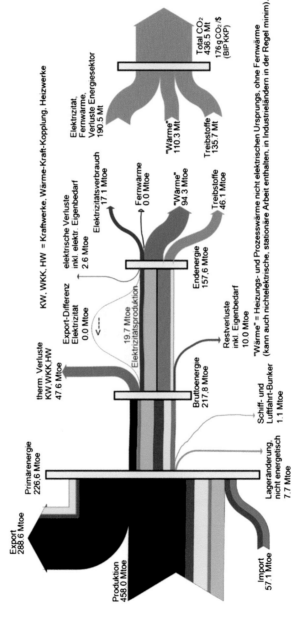

**Indonesien, 2014**
**Energiefluss im Energiesektor und totale CO$_2$-Emissionen (ohne Schiff- und Luftfahrt-Bunker)**

KW, WKK, HW = Kraftwerke, Wärme-Kraft-Kopplung, Heizwerke

Export
288,6 Mtoe

Primärenergie
226,6 Mtoe

elektrische Verluste
inkl. elektr. Eigenbedarf
2,6 Mtoe

Elektrizität,
Fernwärme,
Verluste Energiesektor
190,5 Mt

Elektrizitätsverbrauch
17,1 Mtoe

Total CO$_2$
436,5 Mt
176 g CO$_2$/$
(BIP KKP)

Fernwärme
0,0 Mtoe

Fernwärme
0,0 Mt

therm. Verluste
KW, WKK, HW
47,6 Mtoe

Export-Differenz
Elektrizität
0,0 Mtoe

"Wärme"
94,3 Mtoe

"Wärme"
110,3 Mt

Treibstoffe
46,1 Mtoe

Treibstoffe
135,7 Mt

Endenergie
157,6 Mtoe

19,7 Mtoe
Elektrizitätsproduktion

Bruttoenergie
217,8 Mtoe

Restverluste
inkl. Eigenbedarf
10,0 Mtoe

Schiff- und
Luftfahrt-Bunker
1,1 Mtoe

Lageränderung,
nicht energetisch
7,7 Mtoe

Produktion
458,0 Mtoe

Import
57,1 Mtoe

"Wärme" = Heizungs- und Prozesswärme nicht elektrischen Ursprungs, ohne Fernwärme
(kann auch nichtelektrische, stationäre Arbeit enthalten, in Industrieländern in der Regel minim).

**Abb. 3.8** Indonesien: Energiefluss im Energiesektor von der Primärenergie zur Endenergie und CO$_2$-Ausstoß. Die Energieträgerfarben sind wie in Abb. 1.4 und 1.6 (Erdöl dunkelbraun, Erdölprodukte hellbraun)

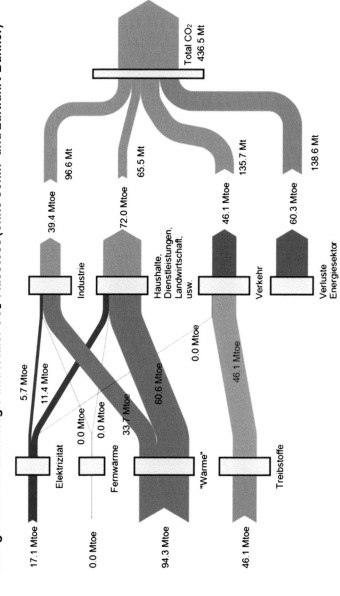

**Abb. 3.9** Indonesien: Energiefluss der Endenergie zu den Endverbrauchern und zugeordnete $CO_2$-Emissionen

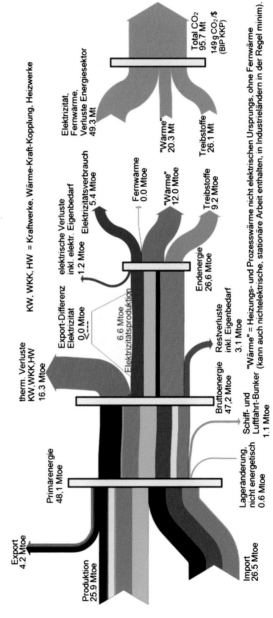

**Abb. 3.10** Philippinen: Energiefluss im Energiesektor von der Primärenergie zur Endenergie und $CO_2$-Ausstoß. Die Energieträgerfarben sind wie in Abb. 1.4 und 1.6 (Erdöl dunkelbraun, Erdölprodukte hellbraun)

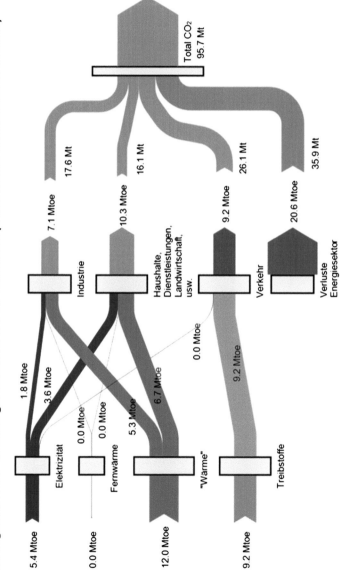

**Abb. 3.11** Philippinen: Energiefluss der Endenergie zu den Endverbrauchern und zugeordnete $CO_2$-Emissionen

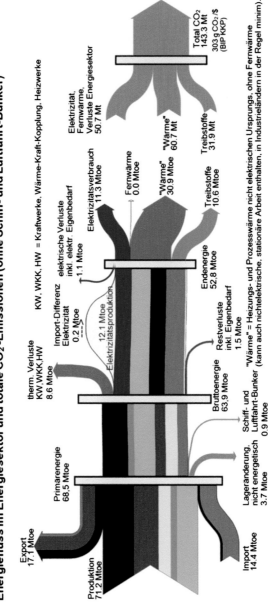

**Abb. 3.12** Vietnam: Energiefluss von der Primärenergie zur Endenergie und $CO_2$-Ausstoß. Die Energieträgerfarben sind wie in Abb. 1.4 und 1.6 (Erdöl dunkelbraun, Erdölprodukte hellbraun)

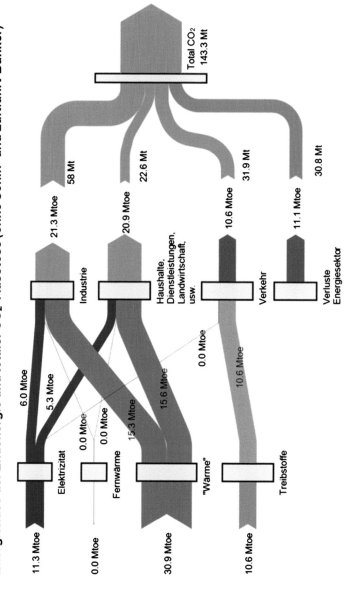

**Abb. 3.13** Vietnam: Energiefluss der Endenergie zu den Endverbrauchern und zugeordnete $CO_2$-Emissionen

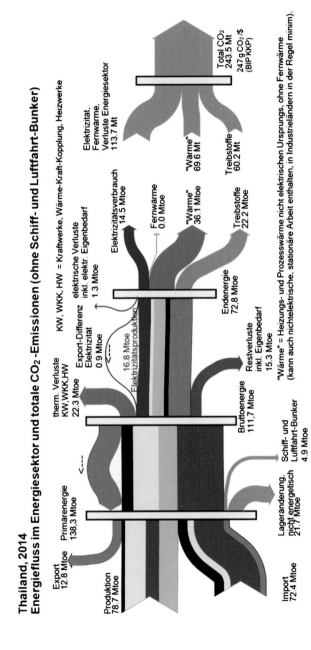

**Abb. 3.14** Thailand: Energiefluss im Energiesektor von der Primärenergie zur Endenergie und $CO_2$-Ausstoß. Die Energieträgerfarben sind wie in Abb. 1.4 und 1.6 (Erdöl dunkelbraun, Erdölprodukte hellbraun)

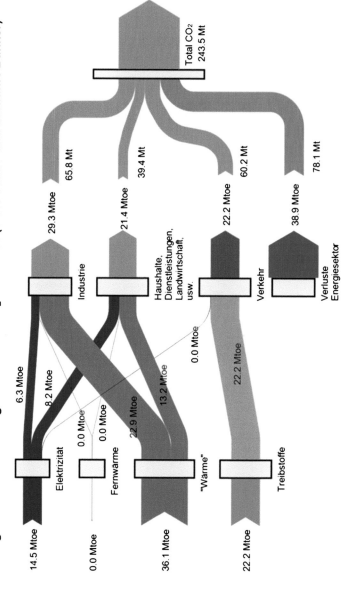

**Thailand, 2014**
**Energiefluss der Endenergie und totaler CO$_2$-Ausstoss (ohne Schiff- und Luftfahrt-Bunker)**

**Abb. 3.15** Thailand: Energiefluss der Endenergie zu den Endverbrauchern und zugeordnete CO$_2$-Emissionen

## 3.2.5 Elektrizitätsproduktion und -verbrauch in Indonesien, Philippinen, Vietnam, Thailand (Abb. 3.16, 3.17)

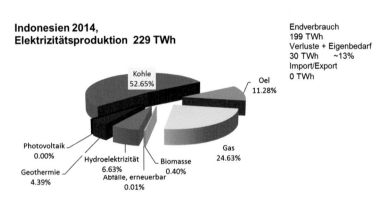

**Indonesien 2014,**
**Elektrizitätsproduktion  229 TWh**

Endverbrauch
199 TWh
Verluste + Eigenbedarf
30 TWh    ~13%
Import/Export
0 TWh

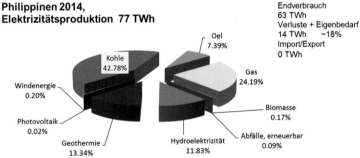

**Philippinen 2014,**
**Elektrizitätsproduktion  77 TWh**

Endverbrauch
63 TWh
Verluste + Eigenbedarf
14 TWh    ~18%
Import/Export
0 TWh

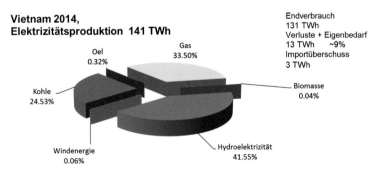

**Vietnam 2014,**
**Elektrizitätsproduktion  141 TWh**

Endverbrauch
131 TWh
Verluste + Eigenbedarf
13 TWh    ~9%
Importüberschuss
3 TWh

**Abb. 3.16** Anteile der Energieträger an der Elektrizitätsproduktion in Indonesien, in den Philippinen und in Vietnam

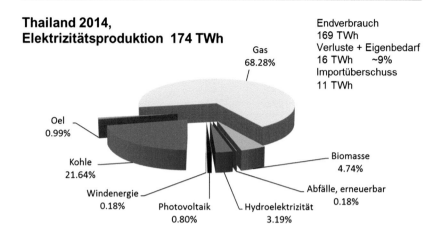

**Thailand 2014, Elektrizitätsproduktion 174 TWh**

Gas 68.28%

Endverbrauch 169 TWh
Verluste + Eigenbedarf 16 TWh ~9%
Importüberschuss 11 TWh

Oel 0.99%

Kohle 21.64%

Windenergie 0.18%

Photovoltaik 0.80%

Hydroelektrizität 3.19%

Abfälle, erneuerbar 0.18%

Biomasse 4.74%

**Abb. 3.17** Anteile der Energieträger an der Elektrizitätsproduktion in Indonesien, in den Philippinen und in Vietnam

## 3.3 Tabellen zu Indikatoren und $CO_2$-Intensitäten gewichtiger Länder von Ostasien/Ozeanien

Die Tab. 3.1, 3.2, 3.3, 3.4, 3.5, 3.6, 3.7 und 3.8 geben für 2014 die **Energiein-tensität** und die **Emissionen pro Kopf**, die $CO_2$-**Intensitäten der Endenergien und der Endverbraucher** sowie der **Elektrifizierungsgrad El-G** für einige der gewichtigsten Länder von Ostasien/Ozeanien (Die Werte folgen aus den Energief-luss-Diagrammen).

**Tab. 3.1** **China** (Energieintensität 1,97 kWh/\$, Emissionen 6,7 t $CO_2$/Kopf), El-G: 22,3 %

| Energieart (Abb. 1.11) | g $CO_2$/kWh | Verbraucher (Abb. 1.12) | g $CO_2$/kWh |
|---|---|---|---|
| Wärme (ohne Elektr.) | 247 | Industrie | 299 |
| Treibstoffe | 245 | Haushalte etc. | 169 |
| Energiesektor | 292 | Verkehr | 245 |
| Total | **271** | Verluste Energiesektor | 307 |

**Tab. 3.2  Japan** (Energieintensität 1,08 kWh/US$, Emissionen 9,4 t $CO_2$/Kopf), El-G: 31,5 %

| Energieart (Abb. 3.1) | g $CO_2$/kWh | Verbraucher (Abb. 3.2) | g $CO_2$/kWh |
|---|---|---|---|
| Wärme (ohne Elektr.) | 251 | Industrie | 252 |
| Treibstoffe | 258 | Haushalte etc. | 228 |
| Energiesektor | 252 | Verkehr | 257 |
| Total | **252** | Verluste Energiesektor | 267 |

**Tab. 3.3  Südkorea** (Energieintensität 1,57 kWh/US$, Emissionen 11,3 t $CO_2$/Kopf), El-G: 33,7 %

| Energieart (Abb. 3.3) | g $CO_2$/kWh | Verbraucher (Abb. 3.4) | g $CO_2$/kWh |
|---|---|---|---|
| Wärme (ohne Elektr.) | 225 | Industrie | 219 |
| Treibstoffe | 249 | Haushalte etc. | 203 |
| Energiesektor | 212 | Verkehr | 248 |
| Total | **220** | Verluste Energiesektor | 219 |

**Tab. 3.4  Australien** (Energieintensität 1,27 kWh/US$, Emissionen 15,8 t $CO_2$/Kopf), El-G: 23,5 %

| Energieart (Abb. 3.5) | g $CO_2$/kWh | Verbraucher (Abb. 3.6) | g $CO_2$/kWh |
|---|---|---|---|
| Wärme (ohne Elektr.) | 206 | Industrie | 229 |
| Treibstoffe | 268 | Haushalte etc. | 236 |
| Energiesektor | 295 | Verkehr | 268 |
| Total | **268** | Verluste Energiesektor | 304 |

**Tab. 3.5  Indonesien** (Energieintensität 1,02 kWh/US$, Emissionen 1,7 t $CO_2$/Kopf), El-G: 10,8 %

| Energieart (Abb. 3.8) | g $CO_2$/kWh | Verbraucher (Abb. 3.9) | g $CO_2$/kWh |
|---|---|---|---|
| Wärme (ohne Elektr.) | 101 | Industrie | 211 |
| Treibstoffe | 254 | Haushalte etc. | 78 |
| Energiesektor | 212 | Verkehr | 254 |
| Total | **173** | Verluste Energiesektor | 198 |

**Tab. 3.6  Philippinen** (Energieintensität 0,86 kWh/$, Emissionen 0,97 t $CO_2$/Kopf), El-G: 20,5 %

| Energieart (Abb. 3.10) | g $CO_2$/kWh | Verbraucher (Abb. 3.11) | g $CO_2$/kWh |
|---|---|---|---|
| Wärme (ohne Elektr.) | 146 | Industrie | 212 |
| Treibstoffe | 245 | Haushalte etc. | 135 |
| Energiesektor | 163 | Verkehr | 245 |
| Total | **175** | Verluste Energiesektor | 150 |

**Tab. 3.7**  **Vietnam** (Energieintensität 1,57 kWh/US$, Emissionen 1,6 t $CO_2$/Kopf), El-G: 21,3 %

| Energieart (Abb. 3.12) | g $CO_2$/kWh | Verbraucher (Abb. 3.13) | g $CO_2$/kWh |
|---|---|---|---|
| Wärme (ohne Elektr.) | 170 | Industrie | 235 |
| Treibstoffe | 259 | Haushalte etc. | 94 |
| Energiesektor | 195 | Verkehr | 259 |
| Total | **193** | Verluste Energiesektor | 239 |

**Tab. 3.8**  **Thailand** (Energieintensität 1,32 kWh/US$, Emissionen 3,6 t $CO_2$/Kopf), El-G: 19,9 %

| Energieart (Abb. 3.14) | g $CO_2$/kWh | Verbraucher (Abb. 3.15) | g $CO_2$/kWh |
|---|---|---|---|
| Wärme (ohne Elektr.) | 166 | Industrie | 194 |
| Treibstoffe | 234 | Haushalte etc. | 159 |
| Energiesektor | 184 | Verkehr | 234 |
| Total | **188** | Verluste Energiesektor | 173 |

Vergleichswerte:

| | Westeuropa | USA |
|---|---|---|
| Energieintensität kWh/$ | 0,95 | 1,52 |
| Emissionen/Kopf t $CO_2$/Kopf | 6,3 | 16,2 |
| $CO_2$-Intensität der Energie g$CO_2$/kWh (Total) | 175 | 212 |
| El-G % | 24,8 | 23,0 |

Dazu folgende Bemerkungen:

- Die $CO_2$-Intensität des **Energiesektors** wird stark vom Grad der **$CO_2$-Freiheit der Elektrizitätserzeugung** beeinflusst. Eine $CO_2$-arme Elektrizitätserzeugung ist der beste Weg, neben der Verminderung der Energieintensität, zur Verbesserung der $CO_2$-Nachhaltigkeit und Erreichung der Klimaziele. Kein Land in Ostasien erreicht 2014 Werte unter 150 g $CO_2$/kWh (bester Wert mit 163 g $CO_2$/kWh in den Philippinen); entsprechende Anstrengungen sind notwendig.
- Eine verbreitete **Elektrifizierung** des Verkehrs (Bahnen, Elektro- und Hybridautos) ist erst dann auf die $CO_2$-Bilanz wirksam, wenn die **$CO_2$-Intensität des Energiesektors** (weitgehend von derjenigen der Elektrizität bestimmt) bei weniger als 60 % derjenigen des **Verkehrssektors** liegt; erst dann trägt sie

wesentlich zur Verbesserung der $CO_2$-Nachhaltigkeit bei. Am nächsten dieser Grenze liegen die Philippinen: 163/245 = 0,67 %, Tab. 3.6

- Der Einsatz von **Wärmepumpen** ist allgemein sehr sinnvoll, da der Anteil an $CO_2$-freier Umweltenergie meistens bei etwa 75 % liegt. Somit helfen Wärmepumpen die $CO_2$-Intensität des Wärmebereichs selbst dann zu reduzieren, wenn die $CO_2$-Intensität des Energiesektors sogar über derjenigen des Wärmesektors liegt (wie in allen Ländern außer Südkorea).
- Die **Energieintensität** ist ein weiterer wichtiger Indikator. Er hängt von der **Effizienz des Energieeinsatzes** ab. Vor allem in China (nahezu 2 kWh/US$), aber auch in Südkorea und Vietnam, alle >1,5 kWh/US$ muss sie deutlich vermindert werden, Ostasien sollte bis 2030 insgesamt einen Wert von 1,1 kWh/US$ BIP(KKP) anstreben (Abb. 2.16).
- Der **Indikator der $CO_2$-Nachhaltigkeit** (g $CO_2$/US$) ist das Produkt von Energieintensität und $CO_2$-Intensität der Energie.
- In **China,** als gewichtigster Land Ostasiens, hat die $CO_2$-Nachhaltigkeit mit 1,97 kWh/US$ × 271 g $CO_2$/kWh = 532 g $CO_2$/US$ einen erheblichen Nachholbedarf (als Vergleich Westeuropa: 0,95 kWh/US$ × 175 g $CO_2$/kWh = 167 g $CO_2$/US$, Band 1 der Reihe[10]).
- Die **Emissionen pro Kopf** in t $CO_2$/Kopf und Jahr ergeben sich als Produkt von Index der $CO_2$-Nachhaltigkeit und Wohlstandsindikator (US$/Kopf und Jahr):

$$t\,CO_2\big/\,Kopf,\,a = g\,CO_2\big/\$ * \$\big/\,Kopf,\,a\Big/\,10^6.$$

Im Jahr 2014 war das mittlere kaufkraftbereinigte Bruttoinlandprodukt in **China 12.500 US$/Kopf** und die $CO_2$-Emissionen **6,7 t/Kopf,** entsprechend einem Index der $CO_2$-Nachhaltigkeit von **532 g $CO_2$/US$.** Um bis 2050 eine für das 2 °C-Klimaziel notwendige Reduktion der $CO_2$-Emissionen auf **2,8 t/Kopf** zu erzielen (s. Abschn. 2.2), muss, bei einer Zunahme des BIP (KKP) auf z. B. **33.000 US$/Kopf,** der Index der $CO_2$-Nachhaltigkeit auf **76 g $CO_2$/US$** gesenkt werden.

Im **restlichen Ostasien** war 2014: das mittlere BIP (KKP) etwa **10.600 US$/Kopf** und die $CO_2$-Emissionen **2,3 t/Kopf,** entsprechend einem Index der $CO_2$-Nachhaltigkeit von **218 g $CO_2$/US$.** Um bis 2050 eine für das Klimaziel notwendige Begrenzung der $CO_2$-Emissionen auf **3,3 t/Kopf** zu erreichen (s. Abschn. 2.3), muss, bei einer Zunahme des BIP (KKP) auf z. B. **20.000 US$/Kopf,** der Index der $CO_2$-Nachhaltigkeit auf rund **160 g $CO_2$/US$** vermindert werden.

Im **OECD-Raum Ostasiens** war im Jahr 2014 das mittlere BIP (KKP) etwa **35.000 US\$/Kopf** und die $CO_2$-Emissionen **10,5 t/Kopf,** entsprechend einem Index der $CO_2$-Nachhaltigkeit von **300 g $CO_2$/US\$.** Um bis 2050 eine für das Klimaziel notwendige Begrenzung der $CO_2$-Emissionen auf **6,7 t/Kopf** zu erreichen (s. Abschn. 2.1), muss, bei einer Zunahme des BIP (KKP) auf z. B. **45.000 US\$/Kopf,** der Index der $CO_2$-Nachhaltigkeit auf rund **150 g $CO_2$/US\$** vermindert werden.

# Literatur

1. Crastan, V. (2016). *Elektrische Energieversorgung 2* (4. Aufl.). Wiesbaden: Springer.
2. Crastan, V. (2016). *Weltweiter Energiebedarf und 2-Grad-Klimaziel, Analyse und Handlungsempfehlungen.* Wiesbaden: Springer.
3. Crastan, V. (2016). *Weltweite Energiewirtschaft und Klimaschutz.* Wiesbaden: Springer.
4. IEA, International Energy Agency. (2015). *Statistics & Balances,* www.iea.org, October 2016.
5. IMF. (2015). *WEO Databases.* www.imf.org, October 2016.
6. IPCC (Intergovernmental Panels on Climate Change). (2013). *5. Bericht, Working Group I,* September 2013.
7. IPCC. (2014). *5. Bericht, Working Group II,* März 2014.
8. IPCC. (2014). *5. Bericht, Working Group III,* April 2014.
9. Steinacher, M., Joos, F. & Stocker T.F. (2013). Allowable carbon emissions lowered by multiple climate targets. *Nature,* S. 499.
10. Crastan, V. (2017). *Klimawirksame Kennzahlen für Europa und Eurasien.* Wiesbaden: Springer.
11. Crastan, V. (2018). *Klimawirksame Kennzahlen für Amerika.* Wiesbaden: Springer.
12. Crastan, V. (2018). *Klimawirksame Kennzahlen für Afrika.* Wiesbaden: Springer.
13. Crastan, V. (2018). *Klimawirksame Kennzahlen für den Nahen Osten und Südasien.* Wiesbaden: Springer.

© Springer Fachmedien Wiesbaden GmbH 2018
V. Crastan, *Klimawirksame Kennzahlen für Ostasien und Ozeanien,*
essentials, https://doi.org/10.1007/978-3-658-20612-3

Printed in the United States
By Bookmasters